[德] 安德里亚斯·史托乐 (Andreas Ströhle)
严斯·普拉格 (Jens Plag)

著

杜涵　冯姗　译

克服焦虑

人生松弛指南

中国友谊出版公司

谨以此书献给雅尼娜和路易斯

——安德里亚斯·史托乐

谨以此书献给克拉丽莎和诺亚

——严斯·普拉格

目 录

序

这又是一本谈论焦虑的书
——其背后的原因何在

　　市面上，谈论"焦虑"的书籍着实不少，至少在德国的图书市场上情况如此。这在很大程度上是因为"焦虑"这个话题引起了许多人的兴趣，尤其是那些受到焦虑影响并且正在寻找各种问题答案的人们：我正在焦虑什么？处于这种焦虑状态下的我仍然是正常的还是已经"生病"了？焦虑究竟从何而来？焦虑是怎样产生的？为什么偏偏是我？毫无疑问，最紧迫的问题通常是：我能对此做些什么呢？

　　遗憾的是，尽管市面上谈论焦虑的书籍数量颇丰，但很少对这些方面展开充分的科学论述。或者说，即使有，也无法做到将目前为止的研究成果通俗易懂地传达给一位既不曾通过医学考试又没有心理学硕士学位的读者。此外，市面上关于焦虑的书籍通常针对患有焦虑症的人，且大多谈论与他们相关的话题。这确实合情合理。然而，我们知道，至少还存在另一个群体深受焦虑症的影响：那些与患者关系密切的人——朋友、伴侣、孩子、兄弟姐妹、父母和其他亲属，他们往往通过各种不同的方式参与到患者的治疗过程中，无论是心中抱有强烈的同情，在日常生活中对患者提供实际支持，还是通过其他方式。到目前为止，这一群体在他们的处境和需求方面几乎没有发言权，并且在文献中也几乎找不到任何资料，能够帮助他们以尽可能合适的方式应对身边人的症状。但根据我们的经验，其实这方面尤其重要，它可以让那些患有焦虑症的人和与他们生活在一起的人拥有更为轻松的日常生活。

正是这样一些想法激励我们写下了这本书。我们想让每一个感兴趣的人、每一个受到焦虑困扰的人以及他们的照顾者都了解焦虑是什么，它有什么有益之处，以及"正常"的焦虑和"病理性"的焦虑（即焦虑症）有什么区别。在本书的各个章节中，我们会介绍不同人的焦虑症及其特征，并试图概述导致焦虑症严重的重要因素。其中，我们将会重点阐述治疗的可能性，也就是行得通的治疗方法，还会对药物治疗和心理治疗进行介绍。这些方法不但在科学研究中被证明是有效的，而且在实践中也得到了证实，因此是当前主流推荐的。治疗方法的部分内容是对创新策略的展望,这些创新策略(尚)不属于标准治疗项目,但已在科研背景下被证明有效,因此可以补充到个人的治疗计划中。最后值得一提的是,我们想要向读者展示那些受到焦虑困扰的人和他们的照顾者如何更好地理解焦虑症,并使它有更大概率得到改善。

我们在慕尼黑的马克斯·普朗克精神病学研究所、柏林的夏里特医院进行了多年的科研和临床工作,这为我们整合出这一系列话题提供了很大的帮助。我们在焦虑症领域的研究工作主要集中在心理治疗、应激激素系统和大脑活动等方面。此外,多年来我们一直在深入研究各种形式的身体活动对焦虑症患者的治疗效果。我们获得的研究成果以及与该领域其他研究者的深入交流,使我们能够整体把握焦虑症当前的研究进展,并尽可能在日常治疗中将其纳入考量。在焦虑门诊的咨询中,我们每天不仅与患者进行交流,也与他们的照顾者进行交流。我们相信,随着时间的推移,我们已经形成了一种直觉,知道焦虑需要什么、惦记什么、意识不到什么或者怀疑什么,以及需要用什么样的语言才能使患者理解这样或那样的因果联系。

毫无疑问,本书不能代替专业的诊断、治疗或私人咨询。但是你可以从书中了解到自己或他人焦虑什么,有哪些治疗方法,以及其他被诊断为"焦虑障碍"的患者和他们的亲属是如何做的。因为我们十分荣幸地请到了一些来焦虑门诊咨询的患者,以及他们各自的伴侣、父母或孩子，在本书中讲述他们的个人经历。由此不仅能让理论与现实生活相关联，也顾及了本书的主张，也就是尽可能**全面地探讨人的"焦虑系统"**。在这些章节中，患者和亲属双方将对焦虑症状、由此产生的挑战和变化，以及不同治疗方法的个人经历进行讲述。借此机会，我们再次衷心感谢菲利普·奥尔、卢卡斯·奥尔、芭芭拉·施密特、茱莉亚·施密特、尼娜·布罗姆、克里斯蒂安·利布舍尔、让·费舍尔、克劳迪娅·费舍尔-阿尔特曼、汉娜·施塔姆和克里斯托夫·施塔姆为本书所提供的帮助！

在众多个人经历报告中，我们特意选取了一些在阐述焦虑系统方面起到重要作用的复杂案例。这些案例有助于揭示焦虑症给所有相关者带来的挑战。当然也存在一些"相对简单"、时间较短的病情案例，在此类案例中，患者能够更快地找到合适的治疗方法。

我们特别希望这些个人经历报告可以帮助焦虑症患者和其他所有读者认识到，病理性的焦虑症与"发疯"没有任何关系。这样的认知对于结束（自我）污名化至关重要，并且根据我们的经验，这是那些焦虑症患者敢于公开他们的症状，并去寻求精神科医生或心理医生帮助的重要先决条件。因为在大多数情况下，精神科医生或心理医生能够为患者提供帮助，去得越早越好，即使焦虑已经伴随你很长时间了，现在去也不算晚。除此之外，那些在空间上或情感上与患者关系密切的人，如果通过阅读本书找到自己与患者之间关系的新定位，书中对一些问题的解答为改善每个人的生活质量有帮助，我们将感到十分高兴。

安德里亚斯·史托乐　严斯·普拉格

KEINE
PANIK
VOR DER
ANGST

———————

第一部分
焦虑其实很正常

每个人都会焦虑，这实际上是一件好事！因为焦虑有一个特别重要的功能：确保人的生存。相应地，焦虑与生物遗传挂钩，可以追溯到人类的起源。如果我们的祖先不害怕剑齿虎，或者我们过马路的时候不警惕卡车，我们根本没有机会写这本书——你也同样没有机会读到这本书。

一种十分重要的反应

我们面临一种具体或假想的威胁时，会产生强烈的焦虑，这种焦虑也被称为"恐惧"。随后我们会有一股窒息般的压抑感，并出现心跳加速、呼吸急促、肌肉紧张等反应。这种焦虑的状态通常很容易在身体中驻扎下来。

焦虑的积极意义

焦虑引起的应激反应也体现在其他层面上。因为我们的身体释放出的信息物质和激素会引起复杂的生理反应，所有这些反应都是为了我们能够集中精力，保持身体最佳状态。我们感到身体里涌动出一股能量，它调动起我们的力气，使我们能够识别危险并迅速做出反应。面对有威胁的挑战时，我们或"战斗"，或采取保护措施并"逃跑"。这一过程被称为**"战斗或逃跑反应"**。

每个人都存在一定的焦虑反应，这些反应会因不同情况被激活。当人需要立即做出反应，如存在生命危险时（受到攻击），身体会瞬间引发应激反应，使战斗或逃跑成为可能。人在试图为未来的危险做准备或进行预测时，会产生一种情境焦虑，比如害怕面对危险的动物或者害怕受伤。由于人类是社会动物，需要与他人接触才能生存或生活下去，所以对被孤立的焦虑也是一种原始焦虑。相应地，人们会产生在社交场合中丢脸或社交失败等可能导致自己被孤立的焦虑。此外，人们对成绩的焦虑是有益的，例如在备考并想要提高成绩的时候。

一种预防手段

焦虑不仅仅是一种强烈的反应，还是对未来的一种预防。以担忧形式出现的焦虑具有**预防性的保护功能**：我们考虑到了可能存在的危险，并为它们做好准备。我们每个人都十分熟悉这些生活和工作上的问题：这项或那项决定会对我的生活、我的伴侣关系或者我的朋友关系产生什么影响？从下周开始，我和新同事的相处会是什么样？当我在亚马逊网上预订三周的单人旅行时，我会承担哪些风险？我应付得了这些事吗？从这种意义上来看，担忧也意味着预防。它使我们能够认真思索事情发生的概率并进行权衡，从而让我们为自己和他人创造出安全性最高的条件。

因此，产生焦虑的能力非常有用，并且是一种十分正常的、重要的心理反应。事实上，某些焦虑在很大程度上似乎源自人类的进化过程，因为它们或多或少出现在几乎每个人身上。例如所谓的陌生人焦虑和与父母分离的焦虑就包括在其中，这种反应发生在几乎所有八个月左右的婴儿身上，并且在三岁后再次出现。一些与（野生）动物或潜在危险情况（如高处、狭窄处或空旷处）相关的焦虑也可能源于人类的进化过程，并可能引发特定的恐惧症。从进化的角度来看，不同人有不同的焦虑表现是有道理的：那些不易焦虑、更勇敢的人往往会去发现并尝试新的东西，那些更容易焦虑的人则会更注重安全和子孙后代。于是，当人们聚集在一起生活时，不同的人会根据情况和需求采取相应的行动方式。如果只有非常容易焦虑的人聚集在一起，他们可能早就饿死了；而如果只有那些不易焦虑的人聚集在一起，他们可能也早就被野兽吃掉了。

我们如何习得恐惧

焦虑的类型和严重程度因人而异。近几十年来的研究成果已经能够非常清楚地证明，这种因人而异的情况与人的生活经验和相应经验的习得过程息息相关。与焦虑相关的习得过程以所谓的条件反射形式发生——如"经典条件反射"和"操作性条件反射"——以及"模仿学习"或"观察学习"。这些相关概念将在下文中进行解释。

当巴甫洛夫的铃声响起之时

我们大多数人都仍旧记得生物课上讲过的经典条件反射。它是由俄罗斯科学家伊万·彼得罗维奇·巴甫洛夫在1911年前后的一次实验中发现的。巴甫洛夫观察到，他的狗在进食前总会分泌大量唾液，这是一种期待的信号。于是，巴甫洛夫设计了一个实验，他首先让狗听到铃声，然后立即给它喂食，如此反复多次。一段时间后，当巴甫洛夫只向狗单独摇铃，后续并不进行喂食时，狗也会分泌大量唾液，这就证明了此时狗的唾液完全是由铃声引起的。这只狗已经学会了将铃声与进食紧密联系在一起，以至于仅凭铃声就可以引发它与进食相关的反应。

现在人们已经知道，在人类身上也存在类似的条件反射。下面是恐高症患者的例子：一个人在高塔上逗留，有了不愉快的经历，但不一定非要像事故那样富有戏剧性。他仅仅是感到有些头晕或者恶心，但这种感觉与置身高处并没有什么关系，可能更多是由于他身体疲倦或者吃了某些无法忍受的食物。这两种症状或许在他登塔之前就已经显露出轻微迹象，并随着海拔增高带来压力而变得强烈。因为对于每个人来说，置身高处都或多或少意味着有压力，但是这种压力通常会被控制得很好。然而，对恐高症患者来说，置身高处所感受到的头晕或恶心却是恐高症发作所导致的结果，因为他们也许害怕自己摔倒或者从高处坠落。

此时，在这种特殊的环境（假设为A市X塔）和特殊的情况下（对压力的敏感性增加，并伴有恶心或头晕），焦虑的感觉通常会与"高度"联系起来，由此便会自动触发人的学习过程，将焦虑从这种特殊情况转移到与高度相关的其他情况。这就是为什么从现在开始，恐高症患者每次登上高塔、徒步爬山或攀登绳索时都会引发焦虑反应——甚至有时仅仅是想到这些事就足以让他们感到焦虑。类比巴甫洛夫的狗这个实验，对A市X塔的第一次焦虑发作可以看作狗的进食，也就是自然而然触发相关反应。其他置身于高处的情况或对置身高处的假想则代表了铃声。它们触发了与A市X塔无关的焦虑反应。

你一定注意到巴甫洛夫必须持续摇铃一段时间，狗才会形成条件反射。而对于我们案例中的相关人员来说，在特定情况下的一次焦虑体验就足以引发恐高症。这是因为其中包含了**特别强烈的情感**。研究表明，我们的焦虑（快乐或悲伤）越强烈，我们的学习速度就越快。我们并不是总能在复盘的时候意识到这种触发情况。我们需要牢记这一点，并在阅读本书的其他章节时再次回想起来。

我们从他人身上观察到了什么

焦虑的另一个重要学习机制是模仿学习或观察学习，这两个概念最早于20世纪70年代提出。这种学习机制从我们出生的第一年观察自己的照顾者就开始了：他们在不同的情况下是如何表现的？他们对特定的事件和其他人会做出怎样的反应？首先是父母、祖父母和兄弟姐妹，然后是朋友和陌生人——我们从他们身上观察到一些东西，并借此向他们学习。在很多年的时间里，这种学习机制是相对盲目的，因为婴幼儿还没有能力去探究他所观察到的评估和反应方式是否一致。通常情况下，他们将这些评估和反应方式纳入自己的评估和行为体系是没有问题的。然而，在被观察者长期焦虑的情况下，比如恐高、害怕蜘蛛或其他动物，也可能导致婴幼儿产生这种焦虑。比如当一位母亲害怕蜘蛛的时候，她年幼的孩子也害怕蜘蛛，这是一种十分正常的情况。

我们如何强化所学来的东西

焦虑反应不仅是人们通过经典条件反射和观察习得的，还会通过操作性条件反射习得。操作性条件反射主要负责维持人们已经获得的焦虑反应。简单来说，为什么某种行为或反应会一直存在？美国心理学家伯勒斯·弗雷德里克·斯金纳在20世纪30年代首次对这个问题进行了解释。根据他的理论，当一个人期望得到积极的后果（比如奖励或利润）时，他就会更频繁地采取行动。与这种"积极强化"相反，为了避免产生消极后果（比如惩罚或损失）而采取更多行动被称为"消极强化"。涉及焦虑方面，人们试图采取更多行为来阻止"焦虑反应"这个消极后果产生，或者得到"停止焦虑"这个积极后果。

这意味着对于具体示例而言，一个人在经典条件反射下由于在塔顶一次非常负面的经历而引发了恐高症，现在则由于消极强化机制而回避了许多或所有涉及高处的场合。当他的家人去远足或攀登埃菲尔铁塔时，恐高症患者更乐意待在酒店房间内或者路边的咖啡厅中。然而，这种所谓的回避行为却阻碍了矫正体验，即恐高症患者无法体验到，他在A市X塔上感受到的焦虑只是在特定条件下被触发的，在群山中或在埃菲尔铁塔上等其他条件下，这种焦虑可能完全不会触发。因此，回避行为不但没有让恐高症患者在Y塔获得一次愉快的体验，反而使他的恐高被延续并巩固了。这种经典条件反射或观察学习加上操作性条件反射的连锁反应也被称为**"焦虑的二阶段模型"**。

人的大脑是网状的

下面我们想要为大家简单介绍一下在人类的身体和大脑中产生焦虑的重要机制。上文所描述的（情感）学习过程不仅发生在人的心理层面，同时还可以通过大脑中负责习得焦虑的特定结构在生理层面上得到体现。大脑的杏仁体因其形状也被称为"杏仁核"，在这个过程中起到关键作用。它位于双脑结构中大脑两个半球的相对中心位置。大量研究表明，在经典条件反射和观察学习中，**杏仁体在人们习得焦虑的过程（即所谓的焦虑习得过程）中尤为活跃**。这一现象在人们对已知危险和威胁的焦虑反应中也是如此。这就是杏仁体被称为**"焦虑中心"** 的原因。

在这个中心周围，还存在着其他在焦虑反应中发挥重要作用的大脑结构。它们与杏仁体形成了大脑的"焦虑网络"（图1）。在这个

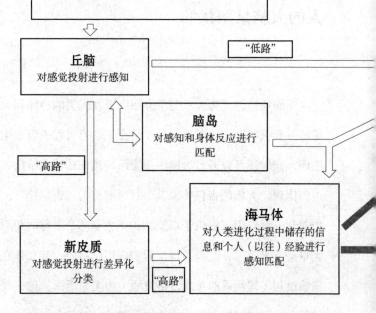

信号分子血清素
减少杏仁体活动

大脑皮层感觉区
对感觉投射进行（重新）识别，如气味、面孔、
声音、躯体感觉（如疼痛）等

丘脑
对感觉投射进行感知

"低路"

脑岛
对感知和身体反应进行
匹配

"高路"

新皮质
对感觉投射进行差异化
分类

海马体
对人类进化过程中储存的信
息和个人（以往）经验进行
感知匹配

"高路"

对下一脑区的激活作用
对下一脑区的抑制作用

图1 大脑的"焦虑网络"

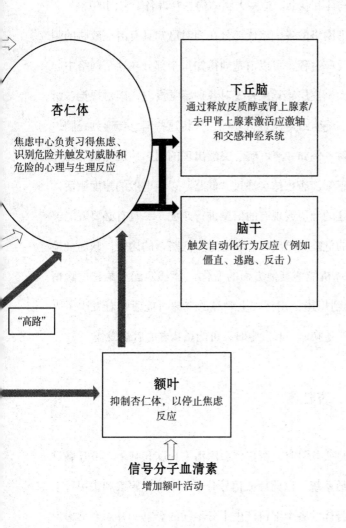

杏仁体

焦虑中心负责习得焦虑、识别危险并触发对威胁和危险的心理与生理反应

下丘脑

通过释放皮质醇或肾上腺素/去甲肾上腺素激活应激轴和交感神经系统

脑干

触发自动化行为反应（例如僵直、逃跑、反击）

"高路"

额叶

抑制杏仁体，以停止焦虑反应

信号分子血清素

增加额叶活动

焦虑网络中，除了杏仁体之外，大脑的其他区域同样十分重要，如丘脑、下丘脑、海马体和脑岛。这些大脑结构主要得名于它们的形状。

通过观察焦虑网络的各个组成部分在面对已知具有潜在威胁的刺激时产生的焦虑反应过程，可以清楚地得知每个部分在这个网络中起到了什么作用。大脑皮层感觉区首先对各种感觉投射，即对视觉、听觉、嗅觉、味觉、痛觉或触觉进行处理，并将这些信息传递到丘脑，在那里对感觉投射（例如一声巨响、突然出现的阴影、刺鼻的气味、疼痛感等）进行感知。杏仁体会通过"低路"以闪电般的速度激活，以便将危险与以往的经历或现有的信息进行匹配，一旦有必要就能够立即对可能发生的危险做出反应。在通过"低路"的途中，脑岛会检查是否出现了身体机能等其他方面的变化，能够匹配上某种危险情况。例如：感受到炽热、出汗加上刺鼻的气味可能意味着发生了火灾；当血压变化伴随胸痛一起发生时，可能意味着心脏病发作。

网络的中心——杏仁体

当识别出威胁或危险时，杏仁体会激活下丘脑和脑干。下丘脑反过来激活**交感神经系统**，以此释放信号分子——肾上腺素和去甲肾上腺素。它们会对身体的各个部位产生十分不同的影响，并引发焦虑反应的典型身体症状：

●**支气管扩张**，以此产生更大的呼吸量，从而导致血液中氧气的"负荷"更大。

●**心率增加**（即众所周知的"肾上腺素激增"）和**血管收缩**。这会导致**血压升高**，促进血液循环，从而使肌肉的氧气供应得到改善，使肌肉能够更好地工作。

●**血液重新分配**有利于肌肉，不利于大脑。

●**瞳孔放大**，以便更好地识别危险。

●**消化能力提高**，以便更快地提供能量。

下丘脑不仅激活交感神经系统，还激活所谓的**应激轴**，从而使肾上腺皮质释放出应激激素皮质醇。人体将合成更多的葡萄糖（糖类），然后释放到血液中，为肌肉和大脑提供能量。此外，皮质醇会使人体分解更多的脂肪存量（如腹部或臀部的脂肪），为肌肉提供能量。

除了下丘脑，杏仁体还激活了**脑干**。它一方面触发了人类进化过程中储存在基因内的自动化行为反应，例如僵直、逃跑、战斗的本能或专注于危险的"隧道视野"；另一方面增加了人体的呼吸频率。

杏仁体通过激活下丘脑和脑干触发了人体的焦虑反应症状，这使迎战危险（"战斗"）或尽可能快地摆脱危险（"逃跑"）成为可能——也就是前面提到的战斗或逃跑反应。

所有这些在焦虑反应过程中发生的生理变化也导致了那些直接与焦虑联系在一起的心理和生理症状：

● 心跳加快会导致**心动过速**。

● 血压升高和血液远离大脑重新分配到肌肉会导致**头晕**。

● 肌肉额外工作会导致**震颤**。

● 呼吸加速会导致**换气过度**。

● 消化加速会导致**恶心和腹泻**。

● 去甲肾上腺素对膀胱的作用增强会引起**尿急**。

● 对危险的关注可能会导致一种**疏离感**，人们会"像透过一层钟形玻璃罩一样"感知（外部）世界，或产生"自己站在自己旁边"的感觉——这就是所谓的**现实感丧失或人格解体**。

停止焦虑反应

如果"战斗"或"逃跑"成功，那么这时焦虑反应必须再度停止，以避免冻结在"持续焦虑"的状态中。额叶在这方面发挥了重要作用，它位于大脑区域的最前方、眼睛的正上方。通常情况下，额叶负责控制冲动，并确保我们不会立即回应每一种需求，而是在必要时推迟或者抑制它。这种能力对我们的社会交往十分重要。在焦虑的情况下，危险一旦结束，额叶就会抑制杏仁体的活性，从而使心理和生理上的症状消退并最终消失。

为了抵抗焦虑网络的"过度敏感"，迅速停止通过"低路"触发的误报非常重要。"高路"就是为此而存在的。它连通所谓的新皮质（大脑皮质中发育较年轻的区域）和海马体。"高路"会与"低路"平行激活，并以微小的时间延迟更精确地对触发焦虑的信息进行分析。这时候，特别是在海马体中，触发焦虑的信息会与已经存在的信息进行匹配，而这些已有的信息要么来自人类的进化过程，要么来自以往的个人经验。

如果危险通过"高路"得到确认，例如将实际的爆裂声识别为枪声，或者将刺鼻的气味识别为焦味，则"低路"上触发的焦虑反应会继续维持下去，在必要时还会进一步加剧。然而，如果这种焦虑被"高路"确认为没有必要（例如，某个触发焦虑的阴影其实属于你的伴侣，只是你没有注意到伴侣提前下班回家了而已），那么瞬间的焦虑反应也会在额叶的帮助下减弱或者停止。最终的结果就是你被吓了一跳。

◇我们如何在研究中让焦虑变为可见◇

在科学研究中，我们可以通过磁共振成像（MRI）扫描仪看到焦虑网络的活动。这种检查装置在大众的印象中通常是一个"管道"，它在头部周围产生磁场，可以测量大脑不同区域的供血情况。

在监视器上，供血情况通过不同的颜色划分层级，从而得出有关大脑区域活动的结论。供血量高就表明相应大脑区域的能量需求高，因此该区域的活动水平也更高。而供血量低则表明能量需求低，相应地，该区域的活动水平也就更低。

信号分子不仅在焦虑网络的激活上起作用，还在焦虑网络的调控中扮演了重要角色。尤其是血清素，它在减轻焦虑方面发挥着重要作用。这种通常被错误地称为"幸福荷尔蒙"的信号分子是在大脑和肠黏膜的某些细胞中形成的。血液循环中的血清素主要参与凝血调节，而大脑中的血清素则在情绪网络（即"边缘系统"）的情绪和压力调节上发挥重要作用。

血清素抑制杏仁体的活动并增加额叶的活动。在这个过程中，信号分子有助于焦虑网络在激活后恢复到"正常状态"，而不会变得

"毫无抑制"或者过度敏感。为此，信号分子附着在焦虑网络神经细胞表面的特定结构上，即杏仁体和额叶中的所谓血清素受体。它是按照"锁钥原理"进行工作的，也就是只有血清素分子才能与血清素受体结合并激活它——就像你需要把正确的钥匙插入相应的锁中才能打开某一扇门。

这会在左右两个大脑区域的细胞内触发一系列反应过程，最终使细胞活性发生变化，进而改变经验习得和行为举止。在这种背景下，我们也就不难理解为什么治疗焦虑症的大多数药物都会有增加焦虑网络中血清素浓度的作用了（详见第四部分）。

除了血清素，其他几种信号分子也会改变焦虑网络中神经细胞的活动，尤其是γ-氨基丁酸（简称GABA）和谷氨酸。γ-氨基丁酸是大脑中最能抑制神经细胞活性的信号分子，而谷氨酸则是最能刺激或增加细胞活性的信号分子。就像血清素一样，这两种信号分子通过细胞表面的特定受体发挥作用，也只有它们能与特定受体结合。

然而，与血清素不同的是，γ-氨基丁酸和谷氨酸并非主要作用于焦虑网络，而是作用于大脑的所有区域。它们有时具有抑制作用，有时具有激活作用。我们大多数人都知道谷氨酸钠（也就是味精）可作为增味剂（这种作用并非完全没有争议），它能够为几乎每一道清淡的菜肴进行调味，尤其在餐饮行业中被频繁使用。同样这种效果也是由于谷氨酸对神经细胞的刺激作用。

　　图2所描绘的体内反应过程仅仅只是精密的生理系统的一小部分，体现了负责触发、维持和结束焦虑的环节。我们在图中描述了与焦虑相关的主要反应机制，但实际的反应过程要复杂得多。更科学详尽的介绍超出了本书的内容范围，我们希望你能关注自身以及你与焦虑的触发点。

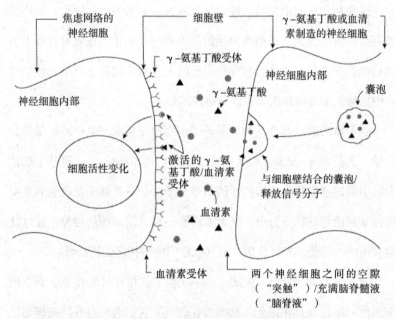

图2　信号分子对神经细胞的作用

当焦虑成为一个问题

对人类而言，焦虑十分重要，而且是一种十分自然的生理反应。然而，焦虑也会带来压力。如果焦虑反应和焦虑网络的激活是由不该引起焦虑的情况或物体触发的，那么焦虑就会成为一个问题。如果焦虑反应的程度与触发因素之间不存在合理的联系，那么情况同样如此。下面是三个例子：

如果有人一看到鸽子就非常焦虑，这通常是没有道理的。毫无疑问，人类并不在鸽子食物链的顶端，而且由于这种动物的攻击性较小，发生"鸽子袭击"的可能性极小。就算受到鸽子袭击，由于人类有身体优势，一个普通人也能够在短时间内抵御住鸽子的攻击。尽管如此，还是有很多人会对鸽子产生明显的焦虑。

对（某些）狗产生焦虑可能更说得过去。特别是当它是一种有名的格斗犬，并在两百米外就开始疯狂吠叫，而且在到处都看不到狗绳和狗的主人的情况下。然而，如果你对邻居家那只平和友好的粗毛腊肠犬也产生如此强烈的焦虑反应，同时那只腊肠犬已经显露出明显的衰老迹象，并受到附近所有孩子的喜爱，那么这种焦虑很可能是没有道理的。

不仅仅是焦虑，担忧也有可能过度。关注自己的健康，注意可能出现的疾病症状，并在必要时进行观察，这当然是好事。然而，对于一些人来说，任何实际上无害或合理的身体症状，比如运动后的肌肉震颤或喝了第五杯咖啡后的高血压，都会引起他们极大的担忧。另一些人则经常会因为媒体或朋友圈中有关疾病的消息而对自己可能患有这些疾病产生极大的担忧。

我们并不想评判你的焦虑，或将它形容为毫无道理。对我们来说，重要的是你能察觉并理解自己的焦虑，从而有机会去控制它。

从焦虑到焦虑症

即使某种焦虑看上去难以理解或者十分夸张，也不足以将它描述为"由疾病引起的焦虑"，即病理性焦虑。负责对个别疾病进行分类和对"疾病"一词进行定义的世界卫生组织（简称世卫组织）专家对这一观点表示认同，他们的理由是必须始终从患者的社会文化背景来看待焦虑。一个很好的例子是在日本或韩国等集体主义社会中：当自己的行为使他人尴尬、出丑或造成不适时，人们会普遍感到焦虑。在像我们（即德国）这样的个人主义社会中，这种焦虑即使存在也微不足道。对我们（德国人）来说，社交环境中的焦虑更多的是为了避免自己尴尬。另一个例子是自然宗教的信徒们会焦虑自身的不当行为可能受到神灵的直接或间接惩罚，比如降下自然灾害或疾病。在上述两种情况下，焦虑都是由于特定的社会或文化因素所造成的。因此，它本身并不是"由疾病引起的"，即使在我们看来几乎无法理解。

此外，根据目前的分类系统，焦虑反应必须总是导致"社会心理方面的负担和/或损害"，才能将其视作"与疾病有关"。判断这一点的关键是患者是否因焦虑而**遭受情感上的痛苦**，比如他们的情绪会恶化，他们会因为焦虑而变得更加易怒，他们会频繁哭泣，他们的心理健康状况通常会因为焦虑而变差。

焦虑障碍也是焦虑症的一个重要特征。或许有些人无法和朋友约在晚上见面，只因为他们害怕在天黑后毫无防备地遇上任何一种狗。或许也有人会担心自己像他们的女性朋友一样患上多发性硬化症，于是每晚都在自己身上寻找可能存在的疾病征兆，从而引起失眠，并最终导致身体极度疲劳，以致无法应对他们的日常工作。

因此，只有当与触发因素相关的"不适当"焦虑非常严重或频繁发生，以致患者遭受痛苦或在生活中受到损害时，才被称为焦虑症。

你可以在本书的第二部分了解到更多关于不同类型焦虑症的信息。

建议治疗的时机

患者的痛苦或受损程度也是决定某种焦虑是否需要或是否值得治疗的标准。疾病分类体系强调，无论何种类型的精神疾病，当其对患者和其他人造成直接痛苦或损害时，应当首先进行治疗。

然而，疾病的第三方——比如患者的亲属，在焦虑症上通常不像其他精神疾病那样直接遭受痛苦。尽管如此，焦虑症患者的亲属或朋友也可能会间接遭受痛苦或受到限制，有时甚至非常严重，正如我们将在第三部分中阐述的那样。

焦虑症很少会给第三方带来心理上的痛苦，也很少会给他们造成生活上的损害，因为它通常更困扰患者本身，但只有在出现痛苦和损害的情况下，患者可以考虑采取经科学证明的可行疗法进行治疗。治疗能够有效并长久地帮助许多人。只要患者没有因过度焦虑而遭受痛苦或损害，就不必治疗过度焦虑的症状。例如，某个人非常害怕澳大利亚蜘蛛，他无论如何都不想去澳大利亚旅行，并且也没有在那里工作，那么他从一开始就没必要进行治疗。单独出现某种焦虑症状并不能构成治疗的充分理由。

　　然而，反过来说，如果焦虑症状给患者造成了心理负担或限制了他们的生活，那么就应该进行治疗——即使这些症状在外人看来"并没有那么糟糕"。"别那样做！"不是有用的建议。只有那些患者自己才能决定他们是否要接受治疗。虽然外界可以提供支持和建议，但在这个问题上不能起决定性作用。

　　你可以在本书的第四部分了解到更多关于焦虑症不同治疗方法的信息。

KEINE
PANIK
VOR DER
ANGST

———————

第二部分
焦虑的不同类型

几十年来，焦虑症一直是全世界最常见的精神疾病。根据一项大型研究显示，2014年德国约有15%的民众患有焦虑症，相比之下，同期约有7%的民众患有抑郁症。与此同时，这些数字也给焦虑症这个话题带来了更多的公众关注，尤其是在媒体上。也许这就是我们的患者以及我们的亲朋好友经常怀疑焦虑症在最近几年或几十年里更加频发的原因之一。考虑到人们的生活压力越来越大，这一点非常容易理解。

越来越多的求助者

事实上，压力在焦虑症的发展中起着关键作用。你将在第三部分了解更多的相关内容。同时必须始终明确的是——压力是高度主观的。由于生活条件和个人感知不同，"感知到的压力水平"自然因人而异。

然而，尽管人们存在压力总体增加的印象，客观上却并没有证据表明焦虑症的发病频率也在增加。几十年来，无论是在国家层面还是国际层面，都会定期开展关于精神疾病发病频率的大型研究。这些研究的成果一次又一次地表明，在过去的几十年里，焦虑症并没有显著增加。

尽管如此，我们在夏里特医院的出诊记录表明，越来越多的焦虑症患者正在寻求专业帮助，我们的门诊咨询时间也排得越来越满。这一点也得到了其他治疗、研究焦虑症的同事的证实。对此最好的解释是，越来越多的人敢于去看精神科医生或心理医生，并对社会更加信任，不再愿意遮遮掩掩，独自忍受焦虑症。

这种发展非常值得欢迎，在我们看来，这也得益于媒体报道增加，以及研究人员和治疗医生所进行的更多相关社会工作。我们认为这两个因素引发了近年来对焦虑症越来越多的去污名化，从而促使人们更早更快地寻求治疗——这将给已经很好的治疗结果带来更多积极影响。

焦虑可能找上我们每一个人

然而，另一个重要方面仍然没有改变：我们注意到，来向我们咨询的女性仍然多于男性。目前的研究也一致表明，在绝大多数焦虑症中，女性受影响的概率大约是男性的两倍。根据推测，患有精神疾病的女性和男性在寻求信息与帮助时会表现出不同的行为，这一点在焦虑症上也得到了明显体现。

女性似乎更愿意谈论自身的精神疾病，能更快接受自己患病的心理原因，并去寻求精神或心理治疗。造成这种情况的原因目前仍在深入研究中。除此之外，或许人们对社会角色的理解会使"强大"的男性在这方面更难接受自身的病症。

焦虑症不仅不分性别，原则上也可以在任何年龄首次出现。诚然，某些精神障碍主要首发于儿童期和青春期，另一些则在四十岁或五十岁时。选择性缄默症通常发生在三岁左右的幼儿身上。许多特定的恐惧症也是在童年时期形成的，尽管当事人不一定有与相应情境或物体相关的负面经历。社交焦虑障碍通常始于青春期，而惊恐障碍和场所恐惧症更有可能出现在成年早期。广泛性焦虑障碍也可能在中老年时期出现。它们的不同之处，我们将在个别临床案例中更详细地进行阐述。

各种各样的影响

诊断焦虑症的依据是世界卫生组织的疾病分类系统——国际疾病分类标准（ICD-10）。它将"恐惧症"和"非恐惧症"的焦虑症进行了区分。就恐惧症而言，焦虑反应是由非常特定的物体（如蜘蛛、狗、老鼠等）或者具有特定特征的环境（如高处、狭窄处、空旷处、受到公众评价的场合或难以逃脱的地方等）所触发的。因此，塔楼、封闭的空间、宽阔的街道、在众人面前演讲、公路或火车成了焦虑的普遍诱因。与之相反，非恐惧症焦虑症无法确定其诱因，至少无法明显确定。这种焦虑会以惊恐发作的形式突然出现，或多或少以慢性焦虑的形式长期存在。

尽管如此，所有的焦虑症通常都会给患者带来明显的负担和损害。除了直接归因于各个症状导致的精神负担外，相应的回避或安全行为也起到了关键作用。许多人无法再次面对他们的恐惧对象，或者必须借用辅助工具或采取特定策略才能做到。例如，他们必须随时有他人陪伴，服用或携带镇静药物，总是随身携带充好电的手机，以便在必要时能够迅速获得帮助。另一些人则需要不断地听音乐或者喝些什么来提供一种"反向刺激"并分散自己的注意力。此外，他们通常倾向于回避那些不知何时会触发他们的焦虑或惊恐症状（例如心跳加快、出汗、头晕或恶心）的活动。这就导致许多患者不能再进行体力活动，不能再做运动，不能再去蒸桑拿，也不能在温暖的天气待在户外。就这样，焦虑症导致患者的行动范围急剧受限，进而严重降低了他们的生活质量。

同样遭受痛苦的患者亲属

焦虑症不仅会影响患者本身，还会影响他们的社交环境。根据我们的治疗经验，患者的亲属和朋友也在不同程度上被卷入了焦虑症的泥潭。这种情况直接反映在许多患者与我们见面（尤其是第一次见面）时，患者是由他们的伴侣、孩子或兄弟姐妹陪伴而来的。有时候，焦虑症的严重程度已经使患者无法再独自离开公寓，或者独立长途跋涉。因此，他们依赖于第三方的支持来提供安全保障。

然而，很多时候，陪伴者也有自己的担忧，他们想与医生沟通，或者在许多情况下不得不与医生沟通。他们往往将对患者的同情放在首位。一个你珍视、爱着的人，一个你多年来以某种方式交往的人，一个你能将诸如自信、生活乐趣、实用主义等词语与之相关联的人，现在因为这种疾病而发生了巨大的变化。也许他现在变得相当被动、孤僻、经常悲伤，并失去了对生活的热情。目睹这一点对许多亲朋好友来说是一个巨大的心理负担。他们想尽一切可能来改变这种状况，但面对这种他们和患者都未曾真正理解的疾病，往往既无助又无能为力。如此一来，亲属感受到的痛苦程度往往与患者不相上下。

在缺乏理解的时候

由于亲属往往无法完全理解患者的病情，尤其是当他们对这种疾病一无所知时，他们无法识别并承认患者出现了这种疾病。因此，他们常常会轻视患者出现的症状，或者拼命地为这些症状寻找借口。但是像"别那样做！"或者"我不明白——这根本没有什么好怕的！"这样的话语对焦虑症患者起不到任何帮助。此外，这种态度会导致亲属对患者产生更多愤怒，特别是当患者因为自身的症状对亲属提出额外要求，或者使亲属的个人或共同生活受到限制时。当相关的安全或回避行为必须得到亲属协助时，比如患者不再能够独自走完某段路程，或者只能在可信赖的人的陪同下到达某些地方，出于自身的担忧，他们经常不得不再三向身边的陪伴者寻求安慰和保证。这种行为会时间上、身体上和精神上挑战亲属的承受能力，往往会带来沉重而持久的负担。通常这种负担越重，互相理解就越困难，伴侣、儿女或兄弟姐妹花在这种疾病及其所带来的挑战上的时间也就越少。

来自周围环境的帮助

关注那些更能理解焦虑症患者处境的亲属也是非常重要的，他们愿意无条件地支持患者，想要更全面地帮助患者，以便能够更好地应对疾病带来的限制。在这种情况下，帮助者承受压力甚至负担过重的情况特别容易发生。因为帮助者经常会达到或超出自己的生理和心理极限，并在这种时候出于道德原因"禁止"自己和他人关注自己的精力及能力。在实践中，我们经常会遇到一些在提供帮助过程中自己出现心理问题的患者亲属，他们的症状普遍可以用"倦怠"来形容。这会导致一些由压力引发的精神疾病，尤其是许多亲属感觉自己就像"在仓鼠跑轮上奔跑"一样。虽然他们很长时间都在为患者减轻相应的焦虑负担，并在患者的担忧再次变得严重时站在身边安抚，但是许多患者亲属都认为这些帮助根本起不到什么效果。相反，他们说尽管做出了自我牺牲，但焦虑症患者的症状不仅没有得到改善，甚至还有恶化的趋势——这使许多人感到无助和绝望。

对于患者自身来说，这种疾病引起的亲密关系的变化也是十分痛苦的。根据我们的经验，羞耻感在这方面发挥着重要作用。许多患者由于疾病日益发展和随之增长的各种限制而感到自己越来越无助，他们往往无法再凭借自己的力量摆脱这种困境，因为许多以前尝试和测试过的机制越来越没有效果。许多人发现自己很难向他人寻求帮助或接受他人的帮助——即使是面对他们最亲密的人。因为在这样做的过程中，他们向自己和他人赤裸裸地展示了自己在病症面前无能为力。他们就算成功地接受了帮助，也往往会在某个时候对帮助者感到内疚。

那些患者通常非常清楚，亲属需要付出不少的精力和情感努力：他们的约会被取消或推迟，只为陪同患者走过某一段路程；他们的会议或电话被中断，只为安抚患者的情绪；他们无法参加商务或度假旅行，只因为患者过于害怕（暂时）分离。即使那些"想要回馈一些东西"的亲属（比如患者自己的孩子）强调很乐意这样做，并且患者也值得他们这样做，但患者往往迟早会将帮助者的生活受影响归咎到自己身上。这种负罪感再度加剧了焦虑症状给患者造成的精神痛苦，有时甚至会最终导致抑郁症。

最后值得一提的是，许多患者告诉我们，焦虑症导致他们与他们的支持者（尤其是伴侣）之间的关系出现了某种失衡：在"健康"的时候，伴侣关系是平等的——双方一起做决定，一起计划未来。但是现在，由于疾病带来的限制，他们越来越多地扮演被动的角色。患者通常难以判断，这样的被动角色是由伴侣分配给他们的，还是他们自己——或多或少有意识地——进入了这样的角色。无论是哪种情况，大多数人都持批评态度，尤其是因为它往往与自信心的大幅下降相伴而生，使得许多人越来越难以在伴侣关系中提出并满足自己的需求。这通常又会导致其他层面的情绪变化，比如情绪上的退缩、某种程度的无言或从属关系，进而在整体上对伴侣关系造成负担。

系统性疾病

焦虑症不仅会影响患者本身，还会影响他们周围的人——尤其是与他们亲近之人的关系。因此，在我们看来，从"系统性精神疾病"的角度出发来谈论焦虑症是恰当的。"系统性疾病"一词实际上来自经典物理医学领域，意味着一个健康问题会对其他领域产生影响。例如，在自身患有免疫性疾病的情况下，免疫系统的过度反应会影响血管、大脑、肾脏、肝脏、心脏和皮肤等，从而影响到人的整个身体，或者至少影响到"人体系统"的绝大部分。类比之下，在焦虑症方面受到疾病影响的是社交系统。从中可能产生相当程度的压力，这会导致患者的焦虑症进一步恶化，因为它是一种"应激性"精神疾病（见第三部分）。

除此之外，对于患者和他们的亲属来说，压力也会使精神疾病向更深层次发展。即使将重点主要放在患者身上，上述情况也清楚地表明，治疗医生应该尽可能地兼顾双方。

患者和他们的亲属应该尽可能准确地感知彼此的关系变化，并将其告知治疗医生。反过来，治疗医生则应该向他们提供关于疾病的全面信息，以便双方能够互相理解，并了解疾病的典型症状。因为这不仅有助于改善患者和亲属的关系，还可以减轻双方的压力。对于那些正在牺牲自己帮助患者的家庭成员或者为患者提供大量支持的朋友来说，重要的是不仅要注意自己的极限，还要将这一点与对方进行沟通——要知道这与自私、冷漠没有任何关系。这种行为更像是飞机起飞之前的安全指示：如果机舱压力下降，请首先戴上自己的氧气面罩，一旦你恢复呼吸正常，请在必要时帮助坐在你身边的人。这是因为只有自己得到了足够的空气，才有能力为他人提供支持。

遗憾的是，善意的、直觉上被认为是有益的支持往往徒劳无功。许多形式的支持在治疗上其实是无效的，有时甚至是有害的，它会阻碍焦虑症状持久改善——你将在第四部分了解到更多这方面的内容。通常情况下，帮助亲人或朋友首先必须学会不将患者病情好转当作自己的责任。

实现这一点最有效的方法是鼓励患者接受治疗，并在求诊过程中提供帮助。如果你成功地聘请了一位治疗医生，这实际上意味着你开始摆脱"我做得越来越多，但症状却并没有变得越来越好"的恶性循环。在我们看来，虽然患者及其帮助者亲属之间的这种关系以及其他方面对于治愈病症至关重要，但是到目前为止，专业文献中几乎没有考虑到这些方面。

这就是为什么在接下来的章节中，我们不仅要给那些来我们的焦虑门诊接受治疗的患者一个说话的机会，还要给那些间接受到影响的支持者一个说话的机会，他们有时是患者的亲属，有时是患者的朋友，他们的个人经历报告会对患者的个人经历报告进行补充。如此一来，一些人可以讲述他们的故事，另一些人可以讲述他们与疾病有关的经历、感受和行为。通过这种方式，我们可以清楚地认识到，人们的患病经历和应对疾病的方式各不相同，同样我们也可以认识到，尽管焦虑症给每个人带来了各种负担，他们仍有可能过上美好的生活。

下面，我们将逐一介绍不同人的焦虑症状与特征，并仔细研究他们的病情特点及其不同之处。

惊恐障碍和场所恐惧症

惊恐障碍和场所恐惧症（又称广场恐惧症）的关系非常密切，尽管它们的发展方向十分不同。一些患有场所恐惧症的人不会出现惊恐发作，或者只在触发焦虑的情况下才会出现惊恐发作。另一些患有场所恐惧症的人则会随着时间的推移出现难以预料的惊恐发作，也就是在没有触发场所恐惧的情况下出现惊恐发作。然而也有可能相反：为了防止惊恐发作，一些人会回避可能引发场所恐惧症的场合，并由此发展成场所恐惧症。确实，这种回避行为通常会减少惊恐发作的次数。在极端情况下，这最终会导致那些患者根本不再走出家门，并且在日常生活中长期依赖他人的帮助。

反复出现又难以预料的惊恐发作

惊恐发作是焦虑的一种典型表现，大约10%～30%的人会出现这种情况。但其中只有大约1/10的人会发展成疾病，根据目前的数据来看，德国总人口中大约2%的人患有惊恐障碍。在通常情况下，惊恐障碍患者的惊恐发作往往反复出现且难以预料，找不到明显的线索或诱因。它会冷不丁出现，比如在你放松或半夜醒来的时候，强烈的恐惧或不适感瞬间席卷而来，并在短短几分钟内就达到顶峰。这种感觉会持续一段时间，然后再次消退。总体而言，一次惊恐发作会持续30～60分钟。除了难以预料的惊恐发作，还存在预料之中的惊恐发作，在这种情况下可以找到明显的线索或诱因。预料之中的惊恐发作可能出现在某些特定的场合中，比如当一个患有蜘蛛恐惧症的人面对一只蜘蛛时。大约一半存在惊恐障碍的人会同时出现难以预料和预料之中这两种不同情况的惊恐发作。

要诊断一个人患有惊恐发作，必须存在以下13种生理或心理症状中的4种。或许你对其中一些感到非常熟悉：

❶心悸：心动过速或脉搏加速。

❷出汗。

❸震颤或发抖。

❹感觉呼吸急促或呼吸困难。

❺有窒息感。

❻胸痛或胸闷。

❼恶心或肠胃不适。

❽感到头晕，站不稳，神志模糊或近乎失去知觉。

❾发冷或有热感。

❿有麻木或刺痛感（感觉异常）。

⓫感到不真实（现实感丧失）或感觉与自己身体分离

（人格解体）。

⓬害怕失去控制或变得"疯狂"。

⓭害怕死亡。

此外，完全性惊恐发作（超过4种症状）和不完全性惊恐发作（少于4种症状）也有区别，这同样体现在严重程度上：符合的症状越多，发作通常就越严重。然而，没有一种惊恐发作与另一种完全相同，它们通常在症状的数量和类型上有所区别。惊恐发作的频率和严重程度通常也存在很大差别。患者可能在几个月内每周只发作一次，也有可能在短时间内每天发作，然后可能会再次出现一段没有或很少惊恐发作的时期。大约1/4的惊恐障碍患者也患有夜间惊恐发作，即发生在睡眠期间的惊恐发作。

因为惊恐发作可能降临得突然又猛烈，患者常常对惊恐发作本身和它的后果充满恐惧。患者不一定会将惊恐发作与某种错误形成的联系关联起来。一种典型的焦虑是他们会害怕惊恐发作背后那些可能威胁生命的疾病，如心肌梗死或者中风。此外，害怕尴尬或被他人负面评价也很关键，害怕失去控制或者"发疯"也是如此。许多惊恐障碍患者说，他们的焦虑与身体或心理健康有关。例如，即使身体只出现了轻微的症状，他们也会对药物的副作用或疾病的灾难性后果感到恐惧。或者他们会过分担心自己在日常生活中的工作能力和对压力的承受能力。为了控制惊恐发作，患者有时还会摄入一些危险物质，如酒精、药物，或者采取一些极端行为。

除此之外，患者对新一轮惊恐发作的恐惧也在不断增加。对焦虑的焦虑，也就是"预期焦虑"，会导致患者回避那些可能增加惊恐发作风险或产生类似于惊恐发作症状的场合和活动。他们会改变自己的行为，例如避免体力活动，这样就不会出现出汗或心动过速的情况——因为它们是惊恐发作的重要症状。他们会重新安排自己的生活，以确保在惊恐发作时能够得到帮助。一些患者在日常生活中像戴上了枷锁，他们越来越多地避免离开家门、乘坐公共交通工具或者出门购物。他们希望尽量减少或者完全避免惊恐发作的情况及其后果。

平均而言，导致惊恐障碍的惊恐发作通常首次发生在20岁至24岁，只有少数人在童年时期就已经出现。60岁以后首次出现惊恐发作的情况是十分罕见的。惊恐障碍患者存在严重的社会限制、职业限制和身体限制，这会导致高昂的开销，因为他们需要经常去看医生。当场所恐惧症（见下文）也同时存在时，这种负担和损害就尤其严重。同样不可忽视的是，惊恐障碍患者的自杀想法和自杀行为也在逐渐增加。然而，这通常是由于患者同时患有抑郁症所引起的，而抑郁症则又可能是由焦虑障碍所导致的压力或损害而产生的。

场所恐惧症

恐惧症是一种焦虑症，特定的情境、物体或动物往往是焦虑的触发点。在面对这些特定事物时，患者会出现焦虑反应。很多时候甚至只要想到它们，患者都会陷入焦虑。患有场所恐惧症的人会因自己实际或预期暴露于各种场合而产生一种明显又强烈的恐惧或焦虑。以下5种情况中至少有2种会导致患者出现相关症状：

❶乘坐（公共）交通工具，如公共汽车、火车、轮船、飞机，也包括小轿车。

❷去开放、空旷的区域，如停车场、集市、桥梁等。

❸身处封闭的空间，如商店、剧院、电影院等。

❹排队或在拥挤的人群中。

❺独自外出或离家很远。

通常在这些情况下，患者担心会有可怕的事情发生在自己身上，比如担心在紧急情况下无法逃脱，或者担心出现类似恐慌的症状（如心跳加速和窒息感）或其他尴尬、虚弱的症状（如出汗、颤抖、"仿佛不存在"）时，将无法获得帮助。随着害怕的情况临近，焦虑的程度往往更高；有时候，仅仅只是对情况的预测就足以引发焦虑或一次惊恐发作。因此，患者会尽可能地主动回避害怕的情况，或者通过做其他事情来转移自己的注意力，比如阅读、喝酒、听音乐或与他人交谈。此外，当有他人陪伴时，患者往往更容易找到他们所害怕的情况，然而一些患者完全不踏出家门，只待在自己家中。

场所恐惧症通常是慢性的。不经过治疗，患者的症状很少会完全消失。如果再加上其他精神疾病，如另一种焦虑症、抑郁症或药物相关疾病（依赖酒精或镇静药物），可能会使治疗过程更加复杂。场所恐惧症通常在青春期和成年早期开始显现，接近2%的青少年和成年人患有场所恐惧症。大约30%～50%的场所恐惧症患者有惊恐发作或惊恐障碍病史。而与之相反，绝大多数患有惊恐障碍的人之前也有场所恐惧症。

在人的整个生命周期中，场所恐惧症的可测量症状是相对容易进行比较的。尽管如此，场所恐惧症患者所恐惧的情境和恐惧的类型也有可能发生改变。比如，孩子常害怕独自离开家。在这里，我们必须对儿童的分离焦虑进行定义，大多数情况下，这是一种随发育而变化的、暂时性的焦虑。在阅读本书的过程中，你将更详细地了解这一点。相比之下，年长的成年人会更害怕商店、排队或置身空旷的地方。儿童的恐惧通常与迷路有关，成人的恐惧更多与惊恐症状有关，老年人的恐惧则通常与摔倒有关。在所有情况下，某一特定情况引发的焦虑超过了该情况所造成的实际危险程度，这就是为什么那些没有受到影响的人会认为二者不相匹配。

各种身体疾病也会导致患者回避特定的情况。这些疾病包括帕金森症或多发性硬化症等神经退行性疾病，害怕摔倒是这些疾病临床症状的一部分，此外，心血管疾病也会让人害怕晕倒。只有当焦虑或回避的程度远远超出这种身体疾病的正常限度时，才会被诊断为场所恐惧症。

下文中的个人经历报告来自菲利普·奥尔，他为我们生动地讲述了场所恐惧症引起的惊恐障碍对生活相关领域带来的影响。他的名字和其他所有在本书中讲述自己故事的人的名字均为化名。

菲利普·奥尔，40岁，酒店经理
（患者诊断结果：惊恐障碍伴场所恐惧症）

11年前，我有过倦怠的情况，这就是为什么我当时在医生的建议下开始了深度心理治疗。2年后，也就是9年前，我第一次出现了惊恐发作。因为自身的倦怠，惊恐发作并未出乎我的意料，在这之前我就已经有所察觉。但是一开始我并没有意识到是惊恐障碍，因为我主要有头晕、血液循环障碍和强烈的心绞痛等症状。这些症状第一次出现是在9年前，当时我的工作发生了变动，我在汉堡与客户进行了一次告别之旅。我立刻去看了医生，但他没能给我提供实际帮助，只是开了一些镇静剂而已。

不久之后，在我爱人组织的一场大型活动的开幕式上，我第一次真正出现惊恐发作了。我瘫倒在红地毯上。我的症状和在汉堡酒店时类似，只是更严重了，我还开始不由自主地号啕大哭。我完全无法平静下来，无法正常呼吸。我从心底浮现出一种惊恐的感觉，就好像你即将发生一场车祸一样。当你意识到要撞到别人的时候，那一刻的震惊就是我一直以来的感受。幸运的是，我爱人的父母当时也在现场。他们照顾我，把我带回了家。回到家后，我的惊恐才平息下来。但是，我第二天要去看医生的时候，光是想要和人见面打交道就让我感到非常恐惧。去医院的那点路程，我都没信心顺利走完，所以我打了一辆出租车。

在调整期间，我给自己放了6个星期的假。所有的一切都被抛之脑后。在这段时间里，我极其封闭。6个星期后，我开始了新的工作，这实际上是一场灾难，因为我当时做得非常糟糕。我变得越来越害怕焦虑。最令我恐慌的是，不得不面对一些需要做的事情时，比如必须和重要的客户进行谈话，我不能马上离开，也不能对客户说"不好意思，我现在必须走了"。这种情况最让我感到焦虑。我知道第二天要和客户见面时，吃不下饭也睡不着觉。

随后，惊恐出现在许多地方：我大汗淋漓，所有的头发都湿透了，还包括我的脸，汗珠顺着下巴流下来。此外，我的心跳很快、脉搏很快、皮肤发红，还出现了腹泻和胃痉挛。我在心里恳求道：让它停下来吧！啊，如果它结束了，该多好啊！

现在回想起来，我都对自己当时拥有的能力感到惊讶。显而易见，我这些状况在工作中完全没有被人注意到，相反，我甚至还得到了晋升，这是我完全不能理解的。因为我自己有一种感觉，我无法给出健康状态下的我所能给予的一切。我以钢铁般的意志进行工作，不允许自己请任何病假或者出现任何状况。一方面，这绝对是不正确的；另一方面，我不断地让自己置身于触发焦虑的环境当中，这或许能使我更容易恢复正常。

随着时间的推移，我的情况时不时会出现好转，但总体来说，这些年来基本保持不变。我总感觉它仿佛永远不会结束。因为不知道这一切什么时候才能结束，我感到更加焦虑。

我的焦虑也影响了生活。父母来看我时，我真的压力很大，一点都不喜欢那样。朋友们来访时，我一切都很好，完全不会惊恐发作。但是，我和我的爱人想出去吃饭或者做其他事情的时候，我永远不知道是否可以相信自己不会因为无法出门的焦虑而惊慌失措。去计划些什么，或者和她一起做些什么，对我来说十分困难。那时候的我几乎不允许任何亲密接触发生，那对我来说真的很难，即使是和我的爱人在一起。在性这个方面，我只是单纯没有那个念头，可能是由于我服用了那些抗抑郁药品。这些年来，我们之间的关系牢固得令人难以置信，充满了信任，因为我知道她无论如何都会在背后支持我。当我因为惊恐障碍而处于生活的最低谷时，我们做了结婚登记，开始了一段新的伴侣生活。这给了我很大的安全感，因为我知道有一个人会和我一起同甘共苦。

除了我爱人的母亲之外（我和她关系很好），这些年来主要是她给了我很大的支持。当我惊恐发作时，她一直在我身边帮助我。两年前，我在机场遭受了一次十分严重的惊恐发作。我无法登上飞机，并且十分想要转身回家。于是她对我说："你现在就待在这儿冷静，然后上飞机。我们会一起渡过难关的。我现在不会让你回家的。你到底在怕什么呢？这里没有人想要杀你。你脑海中经历的那些都是超现实的。我们现在要上飞机了，会在巴黎度过一个愉快的周末。"这些话帮助我在那时进行了反思，然后忍耐了当时的情况。尽管如此，我还是在心里咒骂她不把我当回事，不让我回家。但在几天后，我就爱上了她当时的举动，因为我们一起度过了一个如此美好的周末。同时我还意识到，如果我没有登上那架飞机，事情很可能会变得更糟。谁知道我那时会不会登上下一班飞机。她真的帮了我很多，我们的关系变得更加牢不可破。她是我命中注定的爱人，是我的盟友、我最好的朋友，在她面前我可以毫无顾忌地说出这些事情。作为治疗的一部分，6年前我决定换个工作。在一家大型连锁酒店工作承受的压力实在是太大了，所以我去了一家小型私人酒店担任经理。这对我来说是一种真正的解放。我仍然承受着一定的压力，但我是自己的领导，手头有很多令我真正感兴趣的任务。从一份高薪工作转向一份不稳定的工作，对我来说也需要勇气。但我真的想这么做，也许因为我将许多"惊恐经历"与我的旧工作联系了起来，它们深深地烙印在我的记忆中。

时至今日，轻微的惊恐发作已经很少见了。去年我有过两次小的惊恐发作，在压力很大的时候，但我很好地解决了它们。现在我知道了焦虑从何而来，当它出现时，我能察觉到它。这种情况和之前发生了很大变化，也让我恢复了自信。我在行为疗法中学到的练习方法也有很大的帮助。当惊恐发作迫在眉睫时，我可以使用这些方法。其中，正念练习、冥想和瑜伽对我帮助最大。耐力训练也帮助了我很多。当我在晚上下班后进行慢跑时，它可以将应激激素拒之门外。当我忽视了这一点，又因为工作压力太大而减少了对自己的关注，并且停止服药时，我很快就复发了。但我相对较快地控制住了它。我甚至感觉惊恐障碍也得到了控制。

惊恐障碍伴有场所恐惧症对周围的人意味着什么

当患者被诊断出这种疾病时，亲属该如何与之共处？当亲近的人因为在飞机上突然惊恐发作而想要取消旅行时，伴侣或者父母都会怎么做？当然，每个人的生活方式各不相同，没有两种焦虑症是一模一样的。然而，间接受到影响的亲属也会有一些典型的应对方式和共同感受。毕竟在处理各种情况、调整原有安排、取消一次旅行或用餐计划等方面，他们自己的生活也受到了限制，因为另一方由于焦虑症完全无法搞定这些事情。惊恐障碍和场所恐惧症对亲属的要求很高，他们可能被要求做一些患者不能或不再能自己做的事情，比如购物和开车。另一方面，他们可能不得不放弃一些本想与伴侣一起做的事情，比如去剧院看一场剧或来一次周末火车旅行。此外，亲属们经常会在最开始时减少患者对自身可能存在严重身体疾病的担忧，并在后续进程中减少他们对身体疾病是否真正存在、是否会导致危险的反复怀疑。

在接下来的章节中，菲利普·奥尔的爱人向我们描述了她是如何处理这种情况的，以及焦虑症是如何影响她的生活以及她和爱人的共同生活的。

路西娅·奥尔，36岁，菲利普·奥尔的伴侣
（患者诊断结果：惊恐障碍，伴有广场恐惧症）

我的爱人在9年前第一次惊恐发作。它的降临完全出乎我们两个人的预料。当时，菲利普因为工作原因经常出差，我的工作也十分忙碌。两个月来，我一直忙着准备一场大型活动。那是压力很大的几个星期，其间，我不得不在早晨早早出门，通常只有晚上在家。我们很少见面，几乎没有时间交谈。

在活动开幕那天，菲利普也在1500名宾客中。然后事情就发生了，像凭空冒出来的一样。在那种情况下，我完全无能为力，不知道他究竟怎么了。我以为他发生了昏厥，也许和血液循环之类的症状有关。幸运的是我母亲当时也在场，可以照顾他。她帮我把他安置在一个房间里，并确保把他带回了家。我几乎什么也做不到，因为我要负责整场活动的开展，而那场活动是在外地进

行的。整整五天时间，我几乎见不到他。尽管我时不时给他打电话，但我们没有足够的时间交谈。在那种情况下，我不能做我想做的事情：亲自照顾他。这对我们俩来说都十分痛苦。

活动结束后，我才能重新陪在他身边。和之前一样，我仍然对我爱人的崩溃感到不可思议。我以前从来没有经历过这样的事情，也从来没有遇到过焦虑症。我从来没有想到，焦虑会变成这样一个重大的问题。我一开始唯一清楚的就是它是一种精神崩溃。但我无法解释它是从哪里来的，背后的触发点是什么。到目前为止，我也仍旧没有弄清楚究竟是什么触发了他第一次惊恐发作。也许只是很多事情堆积在了一起。我因为工作而不在他身边，我们即将搬到柏林。他在那里找了一份新工作，所以我们别无选择，只能搬过去。这段时间是惊恐发作的主场，每当我们在人群中时，它就会经常出现。这对我们俩来说意味着很多限制。我们俩必须想方设法处理这个问题。我们不再晚上去餐馆用餐，因为他会感到焦虑。随着时间的推移，情况有所好转，菲利普也能重新回去工作了。

每次他惊恐发作时，我总是感到非常无助。一开始我没法为他做任何事，也说服不了他，什么忙都帮不上。那时我感受到了彻头彻尾的无助。当我的爱人惊恐发作但我不在他身边时，我会焦虑，因为他必须独自经受这一切，而我却无法支持他。我知道他的脑子里会闪过很多毁灭性的想法。尽管我从未觉得可能发生自杀这种情况，但我总会有一种非常糟糕的感觉。

这么多年来，总是会出现一些完全出乎意料的情况让菲利普突然惊恐发作。它们的降临实际上总是没有预兆，甚至更多的是在轻松的环境下降临的，比如我们度假的时候，或者我们晚上想出去吃饭的时候——这时候焦虑就爆发了。我记得几年前发生的一件事，当时我们在机场，想要乘飞机去别的地方。然后菲利普惊恐发作了，无法登机。一开始我感到自己很无助，但后来我还是试图说服他登机。最后，不知怎么就起了作用，在菲利普重新鼓起全部勇气的那一刻，我觉得这真的很好。不然的话，每当身处机场，我们可能就会产生这种负面的联想。现在，机场对我们俩来说都是一个很大的鼓舞。

菲利普现在已经能够很好地控制住他的焦虑，而且我知道我不必强迫他做某些事情，比如走进人群中。他最近没有惊恐发作，但如果他再次发作，我也不会感到惊讶。我不知道如果他今天惊恐发作，我会如何反应。也许我会更加不安，因为我会担心从治疗中学到的那些机制不起作用。但是即便如此，我仍然不害怕惊恐发作。这些年来，作为伴侣，我真的做到了支持他并成为他的后盾，比如说，我从不会强迫他做他不想做的事情。我认为我对他来说非常重要，就像磐石一样能给他一种可以依靠的感觉。这毫无疑问是康复过程的一个重要部分。

我们已经在一起共同生活超过15年了。在最初的6年里，我发现菲利普非常善于交际。那时他没有惊恐发作，也没有任何迹象表明他有。现在回想起来，这一切确实改变了我们之间的关系。菲利普今天表现出与过去不同的行为模式，这也是为了更好地保护他自己。但我并不认为他的焦虑障碍对我们的伴侣关系造成了负面影响，实际上，它让我们更紧密地联系在一起，因为我们一起经历了这一切。而随着时间的推移，我能够对此做出更多、更恰当的反应。菲利普后来告诉我，在他第一次惊恐发作之前，就有迹象表明他患上焦虑症。比如，他曾经在酒店里感到窒息，但是我什么都没注意到。他没有告诉我这一切，因为他很体贴，想让我在压力大的时候不受影响，也想先自己弄清楚病因。他总是自己一个人承担很多事情。但今天他可以清楚地表达某些以前无法表达的事情，也能在某些时候将"不"说出口。

广泛性焦虑障碍

广泛性焦虑障碍，简称GAS，影响着世界上大约2%的人口。它既可能发生在儿童时期，也可能发生在成年时期，通常在6岁到12岁之间或35岁左右出现。它甚至也有可能首次出现在更晚的40岁或50岁后。广泛性焦虑障碍的主要特征是与日常生活各个方面相关的担忧和恐惧。

从理论上来说，所有领域都可以交替成为广泛性焦虑障碍的焦点，这也就解释了它名称中的"广泛性"一词。一般来说，广泛性焦虑障碍会同时影响到健康、安全、伴侣关系或公共社会方面的状况或观点。患者的担忧可能与个人有关，但也可能涉及其他关系亲近的人，比如他们的父母、兄弟姐妹、伴侣、儿女、孙辈和朋友们。

具体来说，这意味着患有广泛性焦虑障碍的人可能会害怕自己或其他人生病、发生事故、失去工作或者社交失败。他们也可能会害怕伴侣关系破裂，或者其他关系亲近的人离开自己，这样他们就会变得孤身一人。与此同时，他们的担忧也有可能更宏观或更抽象，涉及战争、自然灾害、恐怖袭击或无法控制的流行病等。

担忧的漩涡

在很多情况下，孤立的各种担忧会相互联系并形成一种"担忧级联"，从而导致担忧背后的推力越来越大。"如果明天我被分配到一个不同的工作区，我不知道是否能在第一时间胜任。然后我的老板就会看出我在这方面不太擅长。下一波裁员浪潮肯定会首先冲击到我。如果这样，我的汽车和房子的每月还款该怎么办？哦，天哪！我们将陷入财务危机，不得不卖掉所有的东西。那我们就只能一无所有地流浪街头。最后整个家庭都将被毁掉。"

就这样，在许多患者短暂的心理活动中，他们从一个变化联想到了一个灾难性的角度，很少或根本没有机会通过理性、客观的思考来打破这一点。由家人和朋友的病例或媒体上的相应报道引发的对健康的担忧也经常是"灾难性想法"的起点。然后，这些想法就会从下面这句话开始自由发展："如果我或我的亲人也患上了那种疾病，那么……"

要诊断一个人患有广泛性焦虑障碍，必须符合世界卫生组织所下的定义：这种担忧必须至少持续多月，同时必须"过度且难以控制"，并且患者在一天中的大部分时间里都沉浸其中。对诊断来说，同样重要的条件是，这些担忧在客观上不存在可以解释的具体原因，或者根据客观标准，这些原因远远不足以证明担忧的程度在合理范围内。例如，如果一位母亲过分担忧她的儿子将来可能会生病，但他实际上完全健康，那么这种担忧就属于在客观上被夸大了。

与任何焦虑障碍一样，广泛性焦虑障碍也存在回避行为。这里指的是回避那些会引发相应担忧的刺激源。对安全或健康的担忧意味着患者不再观看电视或浏览互联网上的新闻，因为"再也无法忍受世界上的那些坏事"，或者对疾病的细节"完全不去仔细了解"，以此避免给内心的担忧提供养分。当亲人外出或旅行时，许多受广泛性焦虑障碍影响的人会定期联系他们或要求他们保持联系，从而确保每个人都平安无事。在广泛性焦虑障碍的案例中，与焦虑相关的安全行为通常表现为反复确认行为。对于那些患者来说，如果他们不能反复确认情况是安全的，那将是"彻底的灾难"——例如在某个特定的情况下手头没有手机，对方不接电话，甚至在之前约定好的时间无法联系到对方的时候。然后，灾难性的场景就在他们的脑海中迅速浮现，遭遇了最可怕的事故或暴行会比电池没电或有其他重要的约会更有可能成为联系不上的理由——即使后者在客观上更有可能。

典型的身体症状

由于患者长期处在担忧之中，他们的压力会逐渐增加，从而导致自身出现某些特征性的身体症状。与惊恐发作或恐惧反应不同，这些症状通常在不同程度上或多或少地保持稳定。广泛性焦虑障碍往往会导致肠胃问题，如慢性恶心、胃灼热或腹泻，以及通常由肌肉紧张引起的头痛和四肢疼痛等。这些典型的广泛性焦虑障碍伴随症状在生理层面上表达了心理上的紧张。

有时候，患者在就诊时只向医生咨询他们的身体症状，因为长期担忧被他们认为是正常的，或者他们还没有意识到自身的担忧情况。然后，他们反复去看家庭医生或某些专科医生（如神经科医生、风湿病医生或骨科医生），开始了一段漫长的旅程，这进一步加剧了他们的心理症状，特别是在自身已经对健康相关问题感到担忧的情况下。通常只有历经多次波折，并且往往只有在医生的建议下，患者最终才会去看精神科医生或心理医生，然后明确自身存在的所有潜在担忧，并且诊断出广泛性焦虑障碍。

由于经常去看医生，患有广泛性焦虑障碍的人通常被认为是疑病症患者。但这是错误的，广泛性焦虑障碍患者去看医生是因为他们害怕身体疾病，并且想要平息他们的具体恐惧。而患有疑病症的人去看医生是因为他们确信自己生病了或者患有某种特定的疾病，如果他们从医生那里得到了一个否定的结果，他们通常会怀疑它。相比之下，对患有广泛性焦虑障碍的人来说，只要有一个或两个医生告知没有证据表明他们患上了某种特定的疾病，他们就会满足地接受。被这样告知后，广泛性焦虑障碍患者对涉及特定问题的焦虑通常会明显减弱，甚至完全消失。然而，如果出现了广泛性焦虑障碍患者无法解释的一种新的身体症状，或者他们所在的社交环境中有人生病了，又或者他们通过媒体得知了另一种疾病，那么就存在着新问题取代旧问题的风险，并且循环将重新开始。

广泛性焦虑障碍的一个典型伴随症状是睡眠障碍。那些受影响的患者躺在床上，一遍遍思索着他们所有的担忧，导致他们无法入睡或彻夜难眠。许多患者说，他们躺在床上几个小时都没有睡着，想这个想那个，或者在半夜醒来，然后那些担忧又在脑海浮现。这就是广泛性焦虑障碍会与抑郁症相混淆的主要原因，睡眠障碍和沉思在抑郁症上通常也扮演着重要角色。然而，抑郁症的沉思往往涉及过去发生的事件或情况，并且通常与负罪感有关。相比之下，广泛性焦虑障碍的想法几乎完全针对未来，并且受到"如果……会怎样"的想法影响。虽然通常会有很多痛苦，但许多患者认为他们的担忧在一定程度上是有道理的，有句话说得好："担心就是预防。"孩子会经常把他们的担忧与校园生活或社交关系联系起来。在小学期间，他们的想法大多围绕着自己的表现，例如："我能在学校表现得好吗？"到了青春期时，与同龄人的比较会更频繁地出现在脑海，"我会交到朋友吗？我会被大家孤立吗？"此外，对战争或自然灾害的焦虑——通常开始于学龄前——也会成为广泛性焦虑障碍的病征，尤其是孩子通过电影或媒体直面这些事物的时候。上述问题对于儿童和青少年的各个发育阶段来说可能是完全正常的，并且有时属于他们发育的必经阶段。然而，如果这些问题十分明显，并且可能长期影响到他们的日常生活，则应该由医生或心理治疗师进行诊断。由于儿童的担忧往往会导致注意力不集中和一定程度的不安，他们也经常被怀疑患有注意力缺陷多动障碍。将这两种疾病区分开来，并在必要时明确诊断出潜在的担忧点至关重要，因为这两种疾病的治疗方法差异很大。

记者芭芭拉·施密特为我们讲述了她是如何与广泛性焦虑障碍共同生活的。

芭芭拉·施密特，56岁，记者
（患者诊断结果：广泛性焦虑障碍）

我一般三点半起床。我只睡了大约四个小时，有时更少。我并不是慢慢醒来，而是突然惊醒，就好像有人给了我一次电击。恐惧就在眼前。我知道自己不会再睡着了，不管有多累。尽管如此，我仍然躺在床上，就好像四肢瘫痪了一样。我绝望地期盼着，也许一会儿，我有可能重新失去意识，陷入沉睡。失去意识是我唯一感觉良好的状态。我一动不动地躺着，内心的赛跑开始了。我的思绪不知疲倦地奔跑，一个比一个糟糕。我努力避免产生某些特定的想法。但实际上，没有一种想法不会触发我的恐惧——"这是我必须进行的采访。""我必须要转一趟车。""孩子们渐渐长大，并且离我越来越远，而我却浪费了宝贵的时间，没能与他们亲密相处。"因为我被自己锁了起来，痛苦地盘旋。这很糟糕：我一直确信，我在浪费自己的生命。而我的愿景其实很简单：活在当下，心存感激，享受美好。

我现在必须马上做点什么，必须振作起来。我必须找到解决办法，摆脱这个状态。他们说，这是一种疾病。在那个时间点，它仍然被称为抑郁症。这是一种很有可能康复的疾病。要不尝试一种新药？所有这些药物都不会很快见效，可能需要三到四个星期。也许药物只会让我变得更糟？也许最好停止这一切，多做做瑜伽，试试冥想。随它去吧，相信生活能够自我治愈。拜托，我的生活有什么不好的？我过得好极了！我的感受完全错位了。我有一位支持我的丈夫、一个漂亮的房子、一份有趣的工作和很棒的孩子们。

我无法向任何人解释这一点。尽管人们礼貌地或者充满爱意地努力来理解我，但难以逾越的鸿沟仍然存在。所以，我把恐惧藏在心里，努力不将它们表现出来。在同事甚至朋友面前，我很好地隐瞒了我的痛苦。我的姐姐告诉我，有一种药可能很有效果。我必须马上给医生打电话，但距离诊所开门还有至少五个小时。恐怖的情绪正在加速赶来。我怎么才能坚持五个小时？我需要一个可靠的计划，帮帮我，马上！我再一次用谷歌搜索药物的有效成分，凝视那些看起来很像蜂巢的药物配方图。我有时也会用谷歌搜索自杀方法。无论如何，吞药实在是太不保险了。跳楼是最好的方式，短暂的失重之后，我就得到了解脱。但我知道不能这样残忍地对待我的丈夫和孩子。我一点也不想死，基本上我别无他求，只希望能活下去。

我必须强迫自己起床！躺着不动是最糟糕的。当我做些什么事的时候，情况会变得好些。但是我做不到。要是我能睡觉就好了，我的眼皮正因疲劳而发烫。

我依偎在熟睡的丈夫的背上，感受着他的温暖。做点什么，我想，但我不想吵醒他。我知道他帮不了我。他真的很想要帮助我，他努力保持耐心，但我知道他无法理解发生了什么，我看得出他很难隐藏自己的沮丧情绪。

对我的丈夫来说，为家人提供优越的生活条件，并拼尽全力让我们过上好日子是非常重要的。糟糕的是，他将自我价值完全放在这一点上，也就是让我们过上好日子。我们早在恋爱初期，就下意识地建立了一种相处模式：他是负责工作的那个人。因此，他认为，自我反省对他来说是一种奢侈的行为。

不知何时，我终于想方设法起了床。五点半了。初夏的晨光洒进房间，鸟儿在清脆地鸣叫，外面的草地上挂着露珠。我看到了周围的世界，我看到了它的美丽，但我感受不到它。

我在花园里做呼吸练习。吸气，数到10，同时慢慢地将手臂伸向一侧，呼气时，双臂交叠在胸前。我透过树林看向附近的房子。一个男人和一个女人一动不动地坐在桌子旁，就像爱德华·霍珀[1]的画中那样。

或者我会去跑步。体育活动可以减少体内的应激激素。我对应激激素了如指掌，也对血清素和去甲肾上腺素如数家珍。我知道正念减压疗法和渐进式肌肉放松训练的作用，熟悉每一种放松技巧。我知道脆弱性阈值，真正的问题不在于感受，而在于对感受的评价。我阅读了所有推荐的书目，做了所有推荐的事情。但没有任何一种对我有用。有时我问自己，这种绝望是不是对我想要出类拔萃的渴望的扭曲？无论如何，我的绝望是绝对的、无止境的、无法用那些蹩脚的方法来缓解的。

我沿着花园奔跑，穿过一座小公园。在数周、数月的痛苦生活中，我经常这样做，以至于仅仅是看着那些郊区街道就让我

---

[1] 美国20世纪一位著名的写实派画家。

颤抖。

我再次回到了家，时间还早。我倒在沙发上，闭上眼睛。有时候我会真的瞌睡几分钟。我走到浴室，从镜子里看到自己。我的双眼因为恐惧而睁得很大，鼻子和嘴角之间的皱纹很深。我浑身发抖，有时还会呕吐。

终于到了开始早晨例行公事的时候。加水泡茶，为孩子们做早餐，把要带到学校的三明治和苹果片装好。干活，运转，我像机器一样工作。我照顾我的孩子，照顾我的家庭，可靠地完成我的工作。我可以做任何事情，只是发现自己置身于心底的一个大漩涡中，一个将我卷得越来越深的漩涡。把盘子从洗碗机放进碗柜时，我实际上就像挂在深渊上方的一根干树枝上一样，感受着自己的力量一点点减弱。

焦虑从我还是个孩子的时候就伴随着我。那时候我就已经会从睡梦中猛然惊醒，感觉自己陷入了一种似睡似醒的奇怪状态。在那样的状态下，世界似乎被扭曲成了奇怪的样子，各种东西变得巨大无比，声音奇怪地回响着，巨大的无定形的物体从地底下挤出来，呈现黑暗的、空旷的恐怖空间。儿科医生对此下了"夜惊"的诊断。这种状态下的我会有一种生存的紧迫感，我后来又重新意识到了那种内心的冲动。

我还是一个蹒跚学步的孩子时，会像小狗一样紧紧地抱着母亲的腿。她曾这样说过："我甚至没法独自一人去上厕所。"而在我的记忆中，更像是我必须要保护母亲，我认为当务之急是不能错过她的任何动作。我很难辨认出她的感受，因为她自己也不明白。我父母的婚姻出了问题。他们没告诉我，但我能感觉到。我成了他们容纳痛苦的容器。痛苦像铜绿一样落在我的身上。你可以在我童年的照片中看到，我的表情总是显得充满忧虑，黑色的眼睛因为恐惧而睁得大大的，看上去严肃极了。

我的母亲说，我还是个婴儿的时候，晚上睡着的速度很快，以至于他们可以把我一个人留在家里，然后出门去看电影。我能想象出那样的场景：我在黑暗中醒来，被遗弃在婴儿床上。我的身体还记得那种无助的感觉——想要做些什么却无法控制自己的胳膊和腿的感觉。

我很早就懂得了天性和基因这种预示着类似命运的东西。我看到过我外祖母的手因为治疗双相情感障碍所用的锂而总是颤抖。在我母亲还是婴儿的时候，我的外祖母就因为产后抑郁症而让她忍饥挨饿。我的外祖母最后被关进一个没有门把手的房间里，在电击治疗下逝世。多年后，当我自己住进精神病院时，母亲告诉我，我那聪明的外祖母曾在诊所里编织过地毯。

不知什么时候，我还发现我父亲的哥哥曾经试图结束自己的生命。我的父亲每天都要服用大量的安定药来维持他的日常生活。

我偶尔也会服用一小点，然后惊讶地发现，这种幸福感会立即传遍我的全身。这就是我与精神药物之间最早的联系，在救赎的期望和彻底的拒绝之间来回摇摆。

在青春期和成年早期，我的焦虑消退，取而代之的是对各种体验的好奇渴望。我不害怕和陌生人一起坐车，15岁时便独自去美国旅行。我顺利完成了中学和大学的学业，成绩也很不错。在大学毕业时，我认识了我的丈夫，并在一起同居几个星期后怀孕了。我们此前并没有这样的计划，但是我们很开心。结婚、怀孕、生孩子、成为一位母亲，我全都毫无畏惧。我在家里待了几年，生下了我们的第二个孩子，其间，我的丈夫供养着整个家庭。

当我的第二个孩子上幼儿园时，我开始做记者，先是做自由撰稿人，然后在一家城市杂志做编辑。因为有了职业责任感，有了做好每一件事的欲望，紧张不安的情绪就开始滋长。2008年，44岁的我得到了一个将自己策划的杂志项目付诸实施的机会。我很高兴，但日益增长的紧张情绪给我的快乐蒙上了阴影。

焦虑不会阻止我把工作做好，但会阻止我享受成功，享受生活。渐渐地，一个想法开始在我脑海中环绕：我明明可以过得很好，如果不是……如果不是什么？如果不是因为这件事……这件事不适合我。它是一次错误的操作，是一个卡住的把手，是一个我必须按下的按钮。我无法弄清楚它是什么，这让我十分抓狂。

无论我怎么努力，都无法解开这个谜团。

有一天，在从办公室回家的路上，我的紧张升级成了惊恐发作，于是我决定去看心理医生。医生给我开了一种抗抑郁药品。我的焦虑和不安日渐加剧，就好像我在心底打开了一扇门，通向以前未曾踏入的深渊。我的恐惧上升到了一个新的维度，不再知道我所感知的这种恐惧到底是被药物缓解了，还是被药物触发了。

近三个星期后，药物的效果开始显现。那是如此突然，我仍然可以想象出当时咖啡厅里的情景，我突然被一种温暖的幸福感淹没了。这种感觉持续存在，也是因为我相信我所有的不适都实际上源自大脑中的某种细微的化学失衡——而药物已经解决了这一问题。

尽管如此，我还是开始尝试主流推荐的疗法，众多疗法中的其中一种是行为疗法。我知道这类疗法被认为对抑郁症和焦虑障碍很有作用，也知道这种手段对我没有太大帮助。我倾向于通过反思来解决问题，通过智力上的理解来控制自己的感受，这种倾向在精神疾病期间升级为不间断的思绪赛跑，而治疗上的交谈往往会加强这种倾向。此外，我用语言来表达事物的天赋和意愿，这意味着谈话成了一种避免卷入感受的防御屏障。

我意识到这一点的时候，正为了消除膝盖上的疼痛而开始结构疗法。这种基于罗尔芬健身法的疗法认为损伤和不良姿势——

包括精神方面的——会导致结缔组织硬化，从而引起疼痛。而组织硬化可以通过按压和按摩技术缓解。通过这种疗法，我内心强烈的情感得到了释放，这是我通过交谈的方式从未感受过的。治疗师引导我给这些情感留出空间，去感知它们。我现在相信，害怕那些艰难和痛苦的情感是我患上焦虑障碍的心理原因。它已经到了我无法真正感知自身感情的地步。当我向一位医生详细描述完不适状况后，她惊讶地看着我说："这就是焦虑。"

对我帮助最大并且至今仍有所帮助的是让我接触到自己感受的治疗方式。通过这种治疗方式，我能感知到它们的本来面目，特别是感知它们如何到来又如何离去，焦虑就会平息下来。我几乎每天都在练习瑜伽休息术，这是一种冥想技巧，教人专注而友好地接受那些存在的事物。这对我很有帮助，让我在失眠期间得到了放松。

在一年半的时间里，我一直在服药。我经常练习瑜伽，并且第一次去印度参加了瑜伽节。在瑜伽和医学这两种选项面前，我发现自己陷入了两难的境地：一方面，基于正念的练习非常有用；另一方面，精神药物往往被妖魔化为阻碍"实际"治疗的毒药。我愿意相信这一点，也是因为药物治疗对我来说，意味着我父母将精神问题视作功能失调的依据。所以，我停止了服药。

三个月后，我再次感觉十分不适，于是决定重新开始服药。

然而，这次的调整让我感觉更糟糕了，焦虑变得极其严重，于是我又停止了治疗。我反复尝试了许多不同的药物，其间，我越来越绝望。"抑郁症"的说法总是萦绕在我耳边，尽管我越来越认为这个说法是不对的。我并不是缺乏动力，无法应付日常生活。

我找不到可以信任的医生，但他们总能给我开些药。我的生活逐渐萎缩，我无时无刻不在对病情进行细致的观察。无论我是工作、照顾孩子还是和丈夫约会，我的注意力总会转移到对自身健康状况的怀疑上。我并没有真正感知到我丈夫和孩子们的情况。他们很担心，也对此表示理解，但对他们来说，这个重大问题就像乌云一样笼罩着我们，这让他们感觉很可怕。我一直需要和他人谈论我的情况，这让我当时18岁的女儿负担过重。当她在20出头的年龄搬出去住的时候，我很清楚地知道，她是在逃离我。

所以，我想，当我在2012年决定住进精神病院的时候，所有人都松了一口气。最重要的是，我的情况被正式判定为一种疾病后，我的丈夫不用再担心他做错了什么，他不用再把我身体不适的事情归为自己的过错。

我曾在特别糟糕的夜晚去过几次急诊室，医生建议我不要马上离开。最初看起来不可思议的事情变成了最后的希望。随后到来的是我一生中最糟糕的时光。我感觉自己就像一个开放性骨折的人，拖着身体走进诊所，并被告知要在过道上走来走去，学习如何重新正确地走路。我瘦了十公斤，只睡了几分钟时间。每隔一天，我都会坐在一位教授和几位主治医师面前——他们几乎不敢在教授面前说话——我就像在法庭上一样，试图弄清楚他们是否在采取一些残忍的策略。经过两个月无休止的一系列药物治疗，有两种药物的组合效果让我好转了一些——也许我只是太累了而已——然后我重新回到了家。

再一次，情况好转了一段时间，停药后，焦虑又回来了。这一次，多亏了一位朋友的介绍，我来到了夏里特医院的焦虑门诊。这是第一次结果完全符合我的症状的诊断。医生开了些让我平静下来的药。尽管如此，我还是决定住院治疗。

这一次我很幸运。三年后的今天，我想说，实际上在这个医院里我已经恢复了健康。首先，医院有美丽的公园、漂亮的房间和友好的工作人员，是真正的世外桃源，而且提供的治疗对我来说非常合适。医院真的为我提供了很大的帮助，一开始我在镇静剂的帮助下休息，并逐渐恢复了正常的睡眠，从而摆脱了惊恐的状态，然后开始接受治疗工作。除了个人疗法之外，以过程和经历为导向的团体疗法也对我的康复起到了很大的帮助。

我仍然在服用药物，但是剂量会小得多，而且我现在已经找到了很多技巧和方法来更好地照顾自己。我不再认为将能量治疗方法与精神病学相结合会产生任何矛盾——就像伍迪·艾伦[1]所说的，"怎样都行"[2]。对我个人来说，精神上的修行很重要，因为和比我自己更伟大的事物的联系让我产生了信任。我现在知道，**消除焦虑的解药并不是控制，而是信任。**

广泛性焦虑障碍对周围的人意味着什么

同样，广泛性焦虑障碍也给患者周围的人带来了很大的影响。根据我们的经验，面对"溢出"的担忧，亲友们往往束手无策。所有善意的合理化尝试都不会长期奏效，这通常会让人产生一种感觉，即总是不得不谈论那些患者关心的相同问题，但自己对事物的看法却并不被接受，自己给出的建议也没能真正起到帮助作用。这有时会让那些广泛性焦虑障碍患者看上去以自我为中心，这是因为他们的照顾者不再有合适的机会谈论自己感兴趣的话题。

然而，核心的问题通常是患者的反复确认行为所带来的负担，比如，在出差期间打了第100通电话都不能确定一切正常；度假计划不得不再次推迟，只因为患者新产生的健康担忧必须重新去看医生才能得到平息；工作中的新任务必须反反复复地讨论才能排除错误……这可

---

[1] 美国导演、编剧、演员。
[2] 《怎样都行》是由伍迪·艾伦执导的爱情喜剧电影。

能会越来越多地导致理解缺位、恼火丛生，有时甚至会产生愤怒。

在接下来的章节中，你可以读到茱莉亚·施密特母亲的患病过程，以及她是如何去应对的。

茱莉亚·施密特，29 岁，芭芭拉·施密特的女儿
（患者诊断结果：广泛性焦虑障碍）

当我还是个孩子的时候，我没有意识到母亲的情况其实很差。她的确会时不时地接受治疗，但我并不觉得这对我们的生活有什么不好的影响。直到八年前，这一切才变得如此清楚。

起初，我不清楚我的母亲正在遭受什么痛苦，但我感知到了她内心的悲伤和沮丧。我只是单纯地发觉，她情况不太好。那时候，医生对她病情的诊断仍旧是"抑郁症"。随后，她开始服药并接受治疗。在三年前，她才被诊断为"焦虑障碍"。

当我还与父母、比我小五岁的弟弟住在一起的时候，我是和妈妈沟通最频繁的人，至少在我的印象中是这样的。我们的关系一直非常亲密，总会有说不完的话，即使是在她情况很糟糕的时期。而我们说的话实在太多了，实际上每一次谈话都围绕着她展开，关于她的糟糕状态，关于她所想的一切，关于一切都没有好转……当我早上起床时，我的妈妈就已经精疲力竭地坐在了早餐桌旁。然后她开始念叨："我又没有睡觉。我已经慢跑过了，我

已经冥想过了，我做了这个，我做了那个……就算这样我还是感觉很不舒服。"我还注意到她经常和我爸爸谈论这些事：她哭了，她感到压力很大，她很紧张，她很难过，就好像有人患上了无法摆脱的重度相思病。一开始我还以为尽管她的状况很糟糕，但总有一天会好起来的——然后我们所有人又会重新欢笑起来。但是情况并没有好转，它没有停下来，我们不能再和她一起笑了，不能再和她谈论其他事情了。所有其他的话题，她都不参与了。我真的很担心我母亲。

母亲焦虑时，我觉得她非常以自我为中心，她会表现得极其不开心，一点都不开心。她非常不安，不再吃东西。她不再倾听，不再体贴他人，而是极度专注于自己。她总是滔滔不绝地讲同一件事，即使有时我能插上几句话，但她已经继续往下讲了。除了"我为什么会感觉那么糟糕？""我该怎么办才好？我读过这个，读过那个……"这几句话之外，没有别的。我的母亲非常理智地处理这个话题，她阅读、调查、收获信息并给出无尽的想法。她和很多人谈论这个话题，通常也只会谈论这个话题。

这些年来，我一直有一种感觉，我们必须尽可能让母亲过得轻松一点，帮她做很多家务，减轻她的负担，要特别体贴。我试图摆脱家里，我努力照顾自己，保持身体健康，尝试着划清界限。即便如此，我在家的时候还是会照顾她，我会建议她和我一起去看电影，做一些对她有好处的事情。我想了很多，想能做些什么才让她感觉好点。但所有的尝试都不起作用。我想弄清楚为什么我母亲的情况这么差。是不是我们出了什么问题？但是我什么也找不到。我们一切都非常好！

不知何时，我再也无法忍受这种情况了。实际上，我需要的是一种完全正常的亲子关系，母亲会在我需要她的时候帮助我。但是这种情况根本就不存在。我意识到无法给自己留出空间，这种情况让我感到非常不开心、非常有压力。所以我在20岁出头的时候搬了出去。我需要自己的空间。

三年前，我和母亲断绝了联系。她当时曾开玩笑说要自杀。我只是再也无法忍受所有的一切都围绕着"她有多么糟糕"转。我们所有人都试图在她身边帮助她，但她却开玩笑说要结束自己的生命，好像这对我们所有人来说都是一件高兴的事情。就在我和她断绝联系后不久，她又去了医院。在那里，她很快就好转了很多。从那以后，她的情况就没那么糟糕了。

然后我们又开始联系了。一开始很难，因为我感到很受伤。与此同时，我也对自己不再照顾她而感到内疚。我还注意到我母亲对我断绝联系的举动感到不安。她不知道该怎么和我相处。我告诉了她，此前的情况对我来说有多困难，我有多么痛苦，她的表现又是怎样的。我们总是对彼此敞开心扉。特别是在她好转的阶段，我们还谈到了这一切给我带来的影响。

对我来说，休息一段时间是很重要的。与此同时，我们又慢慢地亲近起来。直到今天，我们再次恢复了非常密切的联系。现在我体验到了母亲能够回应我、待在我身边的感觉，但仍然十分担心母亲的那些焦虑会再次卷土重来，她会再次感到糟糕。这种担忧一直存在着。

我母亲的病教会了我要给自己留出空间，这在我身为社会工作者和教练时也非常重要。我可以把他人的问题留给他们自己，而不是让这些问题困扰我。此外，我还了解到，焦虑障碍和抑郁症都是需要就医的疾病。我不再认为，我们作为家人只是单纯照顾她，她的病情就会好转。我不再认为我或者我们整个家庭对此负有责任，她只是需要专业的帮助，就像患上其他疾病一样。药物治疗同样很有帮助，我和我母亲对此深有体会。

我没有向外界寻求过支持，而是自己做了很多安排。直到最近，由于我和这种疾病保持了一点距离，我才对它有了更多的了解。

社交焦虑障碍

社交焦虑障碍指的是害怕与他人接触时尴尬、被人嘲笑或取笑。这主要发生于患者（主观假定）引起了他人注意或者不得不在他人面前表现时。尤其令患者感到害怕的是要进行新的社会交往，必须向第三方展示自己或自己的成就，在观众面前露面以及在大庭广众之下吃饭等。

"社交焦虑障碍"，也就是人们越来越常说的社交恐惧症，主要围绕的是别人的负面评价。焦虑反应的典型诱因是参加派对——尤其是当患者除了派对主人不认识其他任何人的时候，或者是与同事进行交际。在观众面前进行一次演讲或做一次报告，参加一次面试，在酒吧、餐馆或其他公共场所吃饭、喝酒，也都是典型的诱因。

与此同时，这种焦虑并不局限于情况本身。甚至在相关事件发生之前，患者就会产生这样的想法："我要出丑了吗？我希望我不会给别人留下兴奋或怪异的印象！我实在是太无趣了，肯定不是一个好的聊天对象。我能回答出所有的问题吗？"

因此，通常在事件发生的前几小时甚至前几天，一种真正的预期焦虑就会出现：越接近事件的发生，症状就越严重。除了强烈的神经紧张外，肠胃问题、身体各部位的刺痛或头痛通常也是典型症状。就在事件发生之前，患者的预期焦虑已经上升到了可感知的最高值，所有可以想象的灾难性经过和最大可能的难堪景象都涌上眼帘。

焦虑的恶性循环

那些患有社交焦虑障碍的人往往难以接受挑战。比如当他们面对考试、和伴侣一起出去吃饭、进行演讲或结识新朋友，各种不同的机制会在特定的情况下发挥作用，进一步增加他们的焦虑。首先，他们在这种情况下不断地观察自己，对自己的行为和表现过度挑剔，以便将任何对自己的潜在批评扼杀在萌芽状态。在他们的脑海中会突然出现类似这样的句子："我必须立即回答每一个问题——停顿太久表明我不知道问题的答案。我必须小心，不要再玩我的手指或在椅子上来回滑动，否则每个人都会注意到我几乎快要焦虑死了。哦，不，现在我又完全看不见X先生或Y女士了，我绝对要让他/她保持在我的视线中！"然而，这种自我监督式的"监控"会导致压力持续上升，从而使焦虑反应的身体症状不可避免地持续增加。

对社交焦虑障碍患者来说，一个特别的问题是所谓的脸红——或多或少由于压力反应而导致的突然脸红。因为压力反应会导致血液循环加快，许多人的皮肤都会因此呈现红色，尤其是在正常情况下血液循环良好的头颈部位和胸肩部位。许多社交焦虑障碍患者害怕这种无法控制的焦虑和压力反应迹象。它让其他人意识到了他们的焦虑反应，这是其他任何迹象所没有的。在那些受影响的人看来，这更会导致其他人对自己产生负面社交评价，所以脸红又直接触发了根本问题。这也解释了为什么"脸红恐惧症"，即在害怕的情境下"焦虑自己会脸红"，对许多社交焦虑障碍患者来说往往代表了自身的问题，并且往往具有其自身的疾病价值，从而进一步形成了恶性循环：

会被第三方进行评价的情境→社交焦虑→应激反应→脸红→因脸红而对自己会得到他人负面评价产生焦虑→更多的压力→更剧烈的脸红

然而，不仅是在引发焦虑的情况之前或其间，而且在那之后，受社交焦虑障碍影响的人通常都会表现出促使症状持续的思维和行为方式。他们会再次详细地、吹毛求疵地回顾当时的情况，从而挑出鸡蛋里的那根骨头。他们过于重视细节，而在第三方的视角客观看来，这些细节并不重要，甚至完全不值一提。对方不断地清嗓子，迟迟不给出回答，或者只是皱了一下眉，这些都被当成尴尬或社交失败的证据。通过这种自我批判式的回顾，对下一个社交情境的预期焦虑得以维持，甚至可能进一步加剧，于是恶性循环再次开始。

从童年到职业生涯

社交焦虑障碍影响着德国约3%的成年人，而且其中有人早在上小学的年纪就开始受到社交焦虑障碍的影响。受影响的儿童会表现得非常谨慎和安静，他们难以发展出健康的自信意识，并且在身处或被推动到事件中心时，会经常哭泣。因为他们在社交互动方面存在困难，所以往往很难交到朋友。特别是在青春期或成年早期，社交退缩或逃避与他人一起活动的举动会严重阻碍其社交能力进一步发展。因此，社交焦虑障碍应该及早治疗。

如果不及时治疗，社交焦虑障碍的症状通常会随着时间的推移而恶化。在身体层面，双手颤抖、脸红、头晕、口干或胃部不适等症状尤其明显。成年后，除了社交焦虑外，患者的自信心和自尊心也会显著降低。由于回避了社交互动，社交焦虑障碍存在着使一般社交情况恶化的特殊风险，这可能成为一个重大问题，特别是对患者的职业生涯来说。例如，由于患者的社交焦虑与雇主的要求——与客户进行必要接触——相矛盾，雇佣关系往往不得不终止。有时候，即使是与同事的互动，对那些社交焦虑障碍患者来说也是一个难以或完全无法把握的挑战。在某些情况下，患者甚至根本不存在职业生涯，因为对"被他人评价"的焦虑导致他们几乎不可能踏上求职之路，特别是进行求职面试。在极少数情况下，焦虑甚至会导致患者因症状而"被迫"陷入全方位的社交孤立。此时，痛苦的程度往往达到一个新的层次。

为了维持社交联系，为了继续他们的学习，为了找到一份工作并且能够长期从事下去，许多患者反复而长久地与他们日益增长的焦虑做斗争，并将自己暴露在所恐惧的情境之下。为了让这种情况变得更加容易忍受，他们会习惯性地采取一些能够带来安全感的特定行为。例如，在社交过程中，他们会一直把手藏在口袋里，用手指抠手心，或者在手腕上裹上冰袋。在感到焦虑时，患者会有一整套个人动作，甚至在个别情况下还会出现相当具有创意的安全机制，它们的共同目的是设置一个身体上的"反刺激"来分散自身对情境焦虑的注意力。

周围的人通常也会给患者带来相当大的压力，他们会说："拜托，不要这样做！如果你不这样做，就不会发生这样的事情。"在这种压力下，患者不仅会更容易养成上述相对无害的安全行为习惯，而且还会经常服用短期内减轻焦虑的药物。这些药物中最危险的是酒精和苯二氮卓类镇静剂（如阿普唑仑、地西泮或劳拉西泮），因为它们都具有高度依赖性。这方面的更多内容将在第四部分进行介绍。

在社交焦虑障碍的治疗上，β-受体阻滞剂的使用也相对频繁，比较出名的药物有美托洛尔、比索洛尔或多西通。这些药物可以降低肾上腺素、去甲肾上腺素对心肌和骨骼肌（即头部、腿部、手臂和躯干的肌肉）的影响。一方面，这会导致心率下降，从而降低血压——这就是为什么它们在内科主要作为一种降压药来使用。除此之外，它们也可以减少骨骼肌的紧张，从而改善患者的震颤情况，例如持续性肌肉震颤患者的"特发性震颤"。如此一来，社交焦虑障碍患者在社交场合出现的主要由交感神经系统激活引起的心动过速和震颤等身体症状，就可以通过β-受体阻滞剂得到缓解。这就减缓了身体症状和焦虑激活的恶性循环。

过去，β-受体阻滞剂的使用相对广泛，尤其是在患有评价焦虑的人群中；然而，现在它已经不再被广泛使用，尤其是在出现能够真正从生物学上解决大脑焦虑的药物之后。

此外，β-受体阻滞剂在社交焦虑障碍方面的使用一直存在争议：尽管它们可以帮助患者更好地应对引发的焦虑，但不能改变出现症状的根源，甚至有可能阻碍心理治疗的效果。第四部分对此进行了详细介绍。

不同的表现形式

社交焦虑障碍有很多方面。有时候，对被人评价的焦虑远远不止
一、二、三种社交情境，明显超过了一般的社交焦虑障碍程度。这可
能会导致患者在他们的社交环境中真正地做到"不发一言"，这一点
符合"选择性缄默症"的诊断标准，相应内容将在后文进一步介绍。

目前，国际疾病分类标准（ICD-10）仍然要求，若需确诊社交焦
虑障碍，则必须存在至少两种社交情境令患者感到焦虑，并且给患者
带来强烈负担和/或损害。这些社交情境包括在观众面前展示自己或自
己的成绩、在公共场合吃饭或与他人进行互动等等。如果只存在某一
种社交情境令患者感到焦虑，那么这种情况就会被诊断为"特定恐惧
症"。我们稍后会对此进行解释。然而，根据2022年生效的新版国际
疾病分类标准（ICD-11），未来也有可能将仅在他人评估自己的表现
时才出现焦虑反应的人诊断为社交焦虑障碍。这种"仅限于表现的亚
型"不仅包括对讲话和演讲的焦虑，还包括所谓的"表演焦虑"。这
种焦虑在音乐家和演员中尤为常见，并且可能成为一个切实的问题。

我们的焦虑门诊和柏林音乐家医学中心在夏里特医院的合作，近
年来已经证明了表演焦虑对音乐家的重大影响。柏林音乐家医学中心
经常会给我们指派患上表演焦虑的音乐家，其中两位在这本书中讲述
了他们的特殊经历以及对自身焦虑的处理过程。有些艺术家害怕自己

的表演得到负面评价，以至于他们只敢在使用了β-受体阻滞剂的情况下登台——甚至根本不再登台。我们还了解到，回避社交互动和由于焦虑而取消演出可能会产生严重后果，尤其是在这些专业领域。任何只接受少量工作或经常取消日程的人都有可能陷入失业，并由此带来社会层面和个人层面的负面影响。

在接下来的几页中，管弦乐手尼娜·布罗姆向我们讲述了社交焦虑障碍是如何影响她的生活的。

尼娜·布罗姆，30岁，管弦乐手
（患者诊断结果：社交焦虑障碍）

事实上，从记事起，我就一直很焦虑。但这种情况从未得到特别的关注。对我来说，这也十分正常，尽管我已经发现对于其他所有能够坦然接近他人的人来说，我直到今天仍旧很难做到这一点是不正常的。我周围的人认为我很害羞，而且经常很严肃。也许这就是为什么我没有把焦虑当作一种疾病看待，而仅仅认为它是某种我所遭受的非常不愉快的事情。直到一年半以前，我才被诊断患有一种焦虑障碍——社交恐惧症。

和朋友或家人在一起时，我一切都很好，但一旦有我不太了解的人出现，那些人对我来说并不熟悉，甚至是完全陌生的时候，我不知道他们是否喜欢我，我的焦虑就开始了。

在我小时候，当别人来拜访我们或者我们去拜访某个家庭，并且我和其他孩子不太熟悉的时候，我就已经是这样了。我在那些场合总是感到非常不舒服，并且对其他人非常警惕。于是我变得非常害羞、非常安静。随着年龄的增长，有些人认为我很傲慢，那是因为我不敢正常地与他人交谈。我对交际的焦虑把我困在原地。

在学校的时候，我和我的朋友们待在一起完全没有任何问题。但是当有其他班级的同学在附近时，我就会感到紧张。我在课堂上也感觉很糟糕。老师问我问题，我答不上来，就好像我的脑袋是空的一样。我感到压力很大，害怕自己出丑和说错话，以至于我什么也说不出来。当我们必须阅读课文并对课文进行总结时，我根本无法集中注意力阅读课文，也根本无法记下课文的任何内容，因为我全程都害怕轮到自己。

即使在今天，当我知道要认识一个陌生人时，我也会感到非常紧张。我宁愿取消这类会面，并且通常是在最后一刻。当我的熟人圈子里有什么庆祝活动时，我通常不会参与。我害怕我会感到非常糟糕，以至于无法忍受。当同事们集体行动的时候，我经常试图逃避，但总是很难置身事外。然后我会选择一两个比较熟悉的同事结伴。除此之外，我更愿意保持安静，并且远离大家的谈话。如果我确实说了些什么，那么随后连续几天都会担心自己说的话可能被人误解，或者那些话当时听起来不那么合适，或者害怕说了一些别人根本不会说的、过于个人视角的话。不管怎样，我总是第一个回家。我总是等待一个恰当的时机，第一个和大家说再见。

在复盘的时候，我会去分析每一个眼神，想知道它意味着什么。我所做的所有决定——是否去参加某个活动，是否答应——我都会在事后质疑。然后我会花上几天时间来接受这样一个事实：也许我当时所做的一切都是可以接受的。

我想，同事们一定认为我是个勇敢又无聊的人。我试图向那些与我有更多交集的同事们解释，我不太喜欢在晚上出去，而是更需要休息，然后我得到了理解。我也和一些更信任的人谈论过我的抑郁症和药物治疗。这是和我做朋友所需经历的一部分。同样，这也有助于他们更好地理解我，当我下班后不想去参加人数较多的聚会时，他们不会把责任揽在自己身上。

每次演出前我都特别紧张。然后，我会想同事们会怎么看我，他们会对我产生什么样的印象。不然的话，我的脑海中就会浮现出这样的场景：我的乐器从手中掉了下来，当全场都安静下来时，我不得不大声喊叫，或者我在演奏时犯了重大的错误，在所有人面前让自己难堪。我担心同事们会认为我不配得到这份工作，我实际上发挥得并不够好。但只要一上台开始演奏，我的情绪就会好转。这时候我会更加平静，可以完全专注于音乐。我发现用音乐交流比用语言交流容易得多。

这一点对我在管弦乐团的求职非常有帮助。在试奏的时候，我不需要说话，只要演奏就好。当然，在乐团的日常生活中，我也免不了要和我的同事们进行交谈，在排练时讨论技术问题，在休息时谈论日常话题。

起初，我几乎不敢和大家说什么话，因为我实在太害怕了。终于鼓起勇气和大家说话的时候，我会在说出口之前非常仔细地打好腹稿，有时候甚至还会将想说的话写到纸上。在那之后就容易很多，我可以和整个乐团的人交谈了。这种成就感对我帮助很大。尽管如此，在某些情况下我还是会感到非常紧张。当我焦虑时，我会感到胸闷。当我非常紧张的时候，我还会感到腹痛，甚至腹泻。事实上，我的焦虑障碍没有任何外部症状。大多数事情都发生在我的脑海里。我只和交往了两年的男朋友谈论这些事情。他是被我施加负担最大的人。我可以很坦率地和他交谈，他对我的病情十分了解。我的男朋友非常支持我，即使在我们和其他人待在一起的情况下也是如此。有时这会促使我在某次会面中停留的时间比平时更长——这取决于我的感受。和他交流对我来说轻松多了，因为我可以时不时从他那里得到反馈，看看他是否和我感知到了同样的事情。如果他也是这么想的，那我就放心多了。

　　我想我的父母并没有真正意识到我的焦虑有多强烈。自从我12岁上了寄宿学校后，他们就不再那么关注我了。我的母亲和姐妹们在与人打交道时会自如得多。她们喜欢有很多人聚集在自己周围。我一直很钦佩这一点。有时候，我会打电话给我的姐妹们，告诉她们我感到十分不安，一点都不想去某个地方。然后她们会试图根据当时的情况给我一些建议，让我平静下来。你可能不认为这是一个大问题。毕竟当我和家人或朋友在一起时，我的表现完全不同。那时的我很乐于交谈，更开放也更自由，有时甚至脾气火爆——仿佛变了一个人似的。

　　今天，也多亏了这些疗法，我可以更好地站在自己的立场上，更少地去评判自己。我可以更好地承认自己的焦虑，并用最恰当的方式接受它们。与此同时，我还可以更好地向亲近的人表达那些困扰我的事情，我有什么焦虑，以及我的内心正在想些什么。我希望有一天，我能够停止怀疑自己，更坦诚地与同事们谈论我的焦虑。我从他们那里得到的反馈是，他们喜欢我，尽管我和我的前辈不同，但他们仍旧喜欢我，觉得我很好。我还从来没有真正地受人欢迎过。因此，我的焦虑仍然没有消失，我害怕万一犯了某个十分微小的错误，就没有人再喜欢我了。

社交焦虑障碍对周围的人意味着什么

根据我们的经验，**个人社交生活的局限性**是社交焦虑障碍患者的照顾者必须努力解决的一个核心问题。

一起参加聚会、接受新邻居的邀请或者在餐馆里吃一顿浪漫的二人晚餐，这些都是不现实的，有时不得不提前结束，只因为患者对"被评头论足"的焦虑过于严重，或者随着夜晚活动的推进而变得难以忍受。这有时会使人或多或少有意识地产生一种被逼向孤立的感觉。亲属们还经常要处理因成为患者的"传声筒"而带来的压力，因为患者不再能够进行"面对面接触"，甚至不再能够通过电话独立表达自己的意愿。因此，与之相关的独立性的丧失往往本身就是一个问题。

与此同时，患者在交际中的"沉默"和他们显而易见的痛苦——当他们勉强自己一起参与活动时——对许多亲属来说几乎是无法忍受的，他们也和患者一起痛苦。最后，社交焦虑所带来的间接后果也可能成为一个问题，特别是在伴侣关系中。例如，当一方由于症状而无法继续从事某项工作时，由此产生的财务问题会对双方共同的人生规划产生负面影响。

在熟悉的家庭环境中，伴侣或家庭成员眼里的患者往往与外人所见非常不同：健谈、勇敢、活泼，一点也不焦虑。于是，这种社交行为上的差异就变得特别明显，不仅会引起亲属的恼怒，还会让他们误解患者在"装模作样"或者"态度不好"。

在接下来的几页中，尼娜·布罗姆的伴侣向我们讲述了他与这种疾病相处的经历。

克里斯蒂安·利布舍尔，33岁，尼娜·布罗姆的伴侣
（患者诊断结果：社交焦虑障碍）

在我们开始约会之前，我就知道我女朋友的焦虑情况。因为我把自己的焦虑情况很坦诚地告诉了她，同时我也感觉到，她对此非常敏感。然后我们开始讨论这个话题，互相交换想法，一开始只是很肤浅的讨论，后来就越来越深入。我第一次感受到她的焦虑是我们想和我们的乐队一起合影时，她把她的公寓腾了出来用作场地。就在那时，我注意到她一直在为某些事情道歉，例如，有些东西摆放不整齐或者她稍微有些不专心。她好像不得不为这些事道歉，这背后有什么强迫性或系统性的东西。即使后来我们在一起后，我也一次又一次地和她经历这样的情况。某些特定的情况会让她感受到比常人更多的压力。我并不是总能从她的脸上看出她是否正深陷于内心的某个洞中，或者此刻她的焦虑有多么强烈。我更能从一些小事上察觉她的情况：当我们和其他人在一起时，她变得更加安静，说话更少，也说得不那么放松，她的脸

会有一点紧绷。然后我就意识到，她开始有点退缩。

因为我从一开始就知晓她的焦虑，这对我来说不是什么问题。我自己很清楚这一点，所以我对这种情况总是抱有宽容的态度。在那些时刻，我意识到她身上发生了什么，知道它为什么会发生，也知道那是什么感觉，因此我可以就这样接受它。我为她感到难过。她的情况不仅不会激怒我，我还认为它是一件十分自然的事情。有时候，它还能让我也平静下来，因为我发现某些情况对我自己来说也很困难，然后我知道这不单单是"因为我自己非常敏感"才导致应付不过来，而是这种情况本身就会给人带来压力。这一点让我和她的联系更加紧密，我不会像以往没有她作为我的镜子时那样产生负面情绪。当她转身离开时，我很少生气，但我会希望听到她说些什么。大多数时候，我可以很好地理解她的反应，这并不会困扰到我。我通常更关注自己，思考我当时的表现或状态。在那时，我留给她的思考空间并不多。然而，如果我注意到她的呼吸更重了，她在寻找我的眼睛，那么我就会看着她，试图用我的眼神给予她信任。我会做一个示范性的深呼吸，握住她的手，或者以其他方式给她一个信号，告诉她这是没关系的，她应该坚持下去，并且她要小心，不要太激动。但我并不认为我在这些时刻的举动真正能帮助她。尽管她对我给出的信号做出了反应，但我认为这些反应不会直接影响到她的情绪。

后来，她和我单独在一起的时候，经常会突然情绪爆发，然后开始哭泣。我为她感到难过。当我们谈论这些情况时，她会告诉我她的感受和焦虑。这样亲密的对话让我们紧密相连。我不认为我女朋友的焦虑会对我们的关系产生负面影响，就结果来看它反而是积极的，因为我们的心在一起。两个人都向对方展示了自己的所有面孔，即使是缺陷的部分，也没有回避。因此，双方都不存在隐藏的一面，这让我们的关系有了一种特殊的深度，无论是在好的时候还是坏的时候。我真的很享受和她在一起的时光。我有一种感觉，我们都置身于相似的处境中。只有在极少数情况下，我们的焦虑才会相互抵触，然后带来压力。例如，当我需要独处的时间时，她会认为这是一种强烈的拒绝。然后我们可能会短短地吵上一架。这时候，我会以一种全新的眼光看待她，我会变得更加激进和好斗。但大多数时候，我们相处得很好，非常亲密，非常信任彼此。也可以让对方就待在某处或做某些事。

在我的脑海中，我已经记下了某些对她或对我们来说压力很大的情况。我倾向于避开这些情况，或者有时我会在不带她的情况下参加某些会议，即使她为了我选择和我一起去。当我们一起待在某个地方的时候，我也不会"对我女朋友的焦虑感到焦虑"。因为当她的焦虑爆发的时候，我并不会非常不安。有时情况可能很难处理，尤其是当她的焦虑持续很长时间时，我发现试图让她平静下来往往会适得其反。但是我对此并不焦虑。我真的不担心这一点。这也体现在我从不觉得有必要在自己的治疗环节中谈起这个问题，而在治疗中，我通常会非常坦诚地谈论那些让我烦恼和不安的事情。

特定恐惧症

　　患有特定恐惧症的人对特定物体或情境有明显焦虑。儿童通常通过哭泣、愤怒、僵硬或依附动作来表达这种恐惧。他们直面相应的物体或情境时，几乎总是会迅速出现即时的焦虑反应。患者会试图回避那些会引起自身焦虑的情境或物体，如果回避没有成功，他们将只能非常艰难地忍受那些令人害怕的情境或令人恐惧的物体。由于这种焦虑超过了情境或物体所能带来的实际危险程度，周围的人会认为他们的焦虑是一种过度反应。如果这些症状还给患者带来了损害，那么就可以被称为焦虑症。与诊断其他精神疾病类似，相应的症状必须持续一段时间，通常为6个月。特别是对儿童来说，短暂的对情境或物体的焦虑相对常见，可能属于正常发育的一部分。

不同的恐惧对象

特定恐惧症可以分为以下几种类型：

● **动物型**：害怕蜘蛛、昆虫、狗或其他动物。

● **环境型**：害怕高处、风暴、水、火或其他环境因素。

● **血液—注射—伤口型**：害怕血液、注射、抽血，以及输液等侵入性医疗手段。

● **情境型**：害怕电梯、飞机、狭窄的封闭空间等；与场所恐惧症不同，特定恐惧症只害怕或回避某一种情境。

● **其他型**：害怕上述以外的情况，例如害怕窒息或呕吐。

通常情况下，相关人员会患有几种典型的恐惧症。特定恐惧症患者平均会有三种害怕的物体或情境，大约3/4的患者会害怕不止一种情境或物体。他们体会到的焦虑程度通常取决于他们与所恐惧的物体、情境在空间或时间上的接近程度。有时，仅仅是想象或预测到相关的诱发因素就足以令患者产生焦虑。这种焦虑通常表现为与典型的惊恐发作相似的症状（见上文）。恐惧对象出现的环境对患者恐惧的程度有很大的影响。为了避免焦虑，患者会回避直面相应情境或物体的情况（回避行为）。对一些人来说，这会给社交或工作产生很大的影响，例如当他们回避出差（乘飞机）、看医生或其他活动的时候。

与其他焦虑症类似，大多数特定恐惧症在女性中的发病率更高，约为男性的两倍，但血液—注射—伤口型特定恐惧症在男性和女性中的发病率几乎相同。这种类型的特定恐惧症还有另外一个特点：可能会出现短暂的意识丧失（"昏厥"）情况，而在其他类型的特定恐惧症中，则会出现一种伴随交感神经系统激活的"经典"焦虑反应。尽管血液—注射—伤口型特定恐惧症患者与许多其他焦虑症患者一样害怕"晕厥"，但实际上这种情况在他们身上很少出现。他们的晕厥是**一种血管迷走神经性晕厥**，即一种由于迷走神经的强烈激活导致血压大幅下降而造成的晕厥。就像前文所提到的那样，焦虑反应总是伴随着交感神经系统的强烈激活。

特定恐惧症会以不同的方式发展：有时会在患者经历过威胁或创伤后出现，有时也有可能是在他人身上观察到某种事件时出现，有时是在特定情境下经历了一次意外的惊恐发作后，有时是通过媒体报道某一事件后。然而，值得注意的是，许多患者并不记得诱发焦虑的具体事件，对一些人来说，这可能是由于他们那时还年龄太小。因为特定恐惧症的发病年龄平均在7~11岁，其中，情境型发病晚于环境型或血液—注射—伤口型。如果一种特定恐惧症持续到了成年时期，那么它不经过治疗是不太可能自行消失的。

在接下来的几页中，一位小号演奏家向我们讲述了以表演焦虑形式出现的特定恐惧症是如何影响他的生活的。

让·费舍尔，28岁，音乐家
（患者诊断结果：特定恐惧症，表演焦虑）

小号和音乐是我的生命。我给自己的每一天都安排了相应的计划，我会安排6~7个小时的时间在小号上，这样的话，去掉中途休息时间，我就可以有大约4个小时的练习时间了。我很遗憾只有4个小时，因为人的口腔肌肉做不到长时间连续吹奏小号。然而，我经常会过度劳累我的口腔肌肉。我过去常常花上8~10个小时的时间练习小号，试图提高自己的水平，克服怯场。父母和老师想让我停下来，出去透透气，但并没有起到多大作用。这种压力不是来自我的家人或者我的老师，而是来自我自己。我的父母意识到了这一点，说我不需要向任何人证明任何事情。但我想向自己证明一些事情，因为我是自己最大的敌人。

在一个安静的小房间里独自练习，对我来说一直都充满乐趣。但是让我上台表演却变得越来越困难，这种情况从青春期就开始了。十二三岁的时候，我就知道自己实际上吹小号吹得很好，我很擅长这件事。但是后来我注意到，只要有两三个人坐在那里评价我、看着我，我的压力就会越来越大。表演对我来说突然变得非常非常糟糕。我觉得自己像光着身子一样。我不再认为自己的小号吹得很好，我对自己的表现总是不满意。我肯定其他人并不这么认为，但我的演奏对我来说永远不够好。每一个错误的音符都是一场灾难——尽管这种情况时有发生，而且是十分正常的。这让我越来越感到困扰。每次演奏对我来说都像攀登珠穆朗玛峰。我的情况糟糕到演出前两周我都会失眠，焦虑与日俱增。我希望整场音乐会无论如何都是完美的，每个音符都是正确的。焦虑笼罩了我的整个生活，我和它以一种不健康的关系共存。

由于焦虑，我失去了很多社交技能，并且在很长一段时间里，我的人际关系也出现了问题。我的身上还有一些轻微的自闭症特征，因为作为一个音乐家，我总是独自一人待在练习室里做很多事情。我和家人在一起的时候，以及后来和女朋友在一起的时候，经常会心不在焉，几乎无法和他们谈论其他的话题，并且总是在脑海里想着：我还得练习，这样下一场音乐会才能成功，不会出任何差错。我周围的人当然注意到了这一点，一开始也对我表示谅解，因为我在他们眼里非常紧张。他们劝我放轻松些，不要担心。我不应该练习一整天，应该试着休息一会儿。但我却感觉自己不被理解，不知道该怎么做，我太难了。我的完美主义和我想让所有人满意的愿望混合在一起，仿佛一个易爆的炸弹，只会加剧我的焦虑。完美主义和我对自己的高要求总是混合着很多怒火，而我不会轻易放弃。

我仍然记得13岁时参加的人生第一次比赛——青年音乐大赛。那是我第一次注意到：哦，当人们坐在那里听你演奏并评价时，情况就不一样了。起初，我一直在压抑自己的情绪，告诉自己这只不过是一个阶段，会过去的，随着年龄的增长、经验的积累、技术的提高，我的表现也一定会越来越好。一直以来，我所做的仅仅是压抑下这股情绪，不去深究每次表演时发生的事情。然后情况就变得越来越糟。

18岁的时候，我在音乐学院参加了一次小型班级表演。我又一次对自己的表演十分不满意，没有奏出我想要的音色，我颤抖了……表演结束后，我既失落又生气地离开了舞台，然后跑了出去。每个人都能看出我有多么愤怒。我把成绩单揉成一团，扔进了垃圾桶。

然后，我就以疯狂的速度开车离开了。这真的很危险，不仅对我，对路上的其他人也是如此。后来我才意识到：哇，那可真是太危险了！我的父母和老师也对此做出了明确的反应，他们警告我，我的行为现在已经达到了非常不健康的程度。那是我第一次去接受治疗，但只是在公共机构进行了几次治疗。那几次治疗告诉我："你给自己的压力太大了，你不需要让所有人都满意。所以放轻松，放松一下，然后就没事了。"但我真正的问题却没有被认识到。不久之后，当我在一场音乐会上被安排为独奏者时，我紧张得喉咙都哽住了，发出的声音越来越少。当音乐会开始的时候，我仿佛被闪电击中般丧失了知觉，彻底恍惚了。更糟糕的是，我的汗流得连小号也吹不响了。人们只能听到歌唱者和管弦乐团的声音，再也听不到小号的声音。每演奏一段，我都试图让自己振作起来，但没有成功，情况没有任何好转。我很想哭，这实在是太糟糕了。我演奏了《圣诞清唱剧》[1]，但我非常想哭。我的小号发出的声音太糟糕了，我尴尬极了，所以跑了出去。我甚至不敢要演出费，这一切对我来说实在是太尴尬了。在我看来，演出是如此不成功。我注意到每个人都想知道出岔子的那个人是谁，那个人是不是个初学者。这真是一场彻头彻尾的失败。

当时，在演出前和演出期间，我都出现过心跳加速、睡眠障碍和双手出汗的毛病，甚至弄得小号都变色了。但我仍然觉得这只是怯场。然而事实早就很明显了，这不再只是怯场。我想，如果练习得更多并最终完美地发挥，情况可能会变得更好，所以我继续坚持不懈地闷头练习。我的情绪常常会出现一种极端的起伏，有时我坚信只要多练习就可以做到，有时我会很沮丧，因为我对结果并不满意。我想过停止练习，觉得这一切都没有意义。实际

---

[1] 《圣诞清唱剧》由德国作曲家巴赫于1734年为独唱、合唱队及管弦乐团而作，在欧洲音乐史上享有盛名。

上，我最爱的就是音乐。但因为我对表演焦虑，我一直在考虑放弃小号，去做其他的事情，不管做些什么，最重要的是，焦虑不会再困扰我。我已经被一所大学的国民经济专业录取，但就在开学之前，我放弃了。仅仅是因为那条路不是我的归属，除了吹小号，我什么都不想做。

随着时间的推移，我的睡眠障碍也越来越严重了，此外还有消化问题和排便不规律的问题。我在舞台上的症状现在也会在晚上出现：我从噩梦中醒来，浑身是汗。情况变得非常糟糕，我的女朋友说我们现在必须做点什么。而那是三年前的事了。然后我去了夏里特医院，在那里被诊断出患有"焦虑障碍"。我感到非常幸运，因为那里有一个音乐家联络中心——库尔特·辛格音乐家生理与音乐健康研究所。那里的一切都像互相契合的齿轮一样井井有条，我很快就得到了非常好的治疗。从那以后，我的病情有了明显好转。我的亲人们也很高兴，终于知道在我身上究竟发生了什么。他们感觉自己一直以来的想法通过这次诊断得到了证实，我也一样。突然之间，一切都说得通了。他们也不再反复询问我为什么状况不好。自从我在一个管弦乐团有了固定席位后，情况就变得好多了。我是特意决定去找固定席位的工作的，在那里我不再是独奏者，而是担任第二小号手。我在那里感觉舒服多了。表演焦虑仍旧存在，但减轻了很多，它就像一位乘客、一个沉默的陪伴者。它也不会彻底消失，但我正在学着怎样和它共处。如果我感觉某一场额外的演奏对我来说负担过重，就会直接取消。我也经常和其他人谈论我的焦虑，这对我很有帮助。男性往往更难承认自己的焦虑并寻求帮助，但幸运的是，我没有这个问题。

特定恐惧症对周围的人意味着什么

特定恐惧症患者的照顾者所面临的限制和负担可能存在很大差异，这不仅取决于患者病情的严重程度，还取决于他们所患的恐惧症类型。患者的恐惧情境或恐惧物体会对他们的社交环境产生什么样的影响？如果某个恐高症患者的伴侣不喜欢爬山，只有在特殊情况下才会登塔，并且也从不会想到去攀岩公园，那么患者的恐高症可能只会对他本人或两人之间的关系产生极其轻微的影响。然而，如果一个养了几只獒犬的爱狗人士遇上了明显患有恐犬症的人，这可能会对他们萌芽中的爱情或友情构成挑战。与社交恐惧症一样，特定恐惧症也会引发相应的症状，尤其是相应的预期焦虑以及安全和回避行为，从而导致第三方的生活受到严重限制，影响患者与伴侣、朋友的关系，也影响他们与儿女、父母的关系。克劳迪娅·费舍尔-阿尔特曼为我们讲述了是如何与她患有表演焦虑的儿子一起生活的。

克劳迪娅·费舍尔–阿尔特曼，54岁，让·费舍尔的母亲
（患者诊断结果：特定恐惧症，表演焦虑）

直到最近我才知道我的儿子患有焦虑障碍。我从没想过这是一种焦虑障碍。我很早就注意到，他非常非常有上进心。这种情况从他上学之前就开始了，然后上小学后愈演愈烈，他会和他的朋友竞争第一名的成绩。他总是想成为最好的那个，得到满分。我们没法解释他这种上进心从何而来，他的父亲和我都不是特别有抱负的人，尤其是在学校期间。

我没有想到他的上进心后来会随着音乐达到这样的地步。在吹小号的时候，他真的已经失去了节制，而且变得那样焦虑。在学校的时候，他从来不害怕考试。但在与音乐有关的事情上，情况却截然不同。我记得有一次小号测试，他进行了演奏，然后得到了结果，并立刻查看了自己的分数。可能是60分，他没有得到满分。他完全吓坏了，把成绩单扔在地上跑了出去。他那时的反应真的很奇怪。我不知道这是否与焦虑有关，是否与他认为的不完美有关。我们不明白，因为他的成绩仍旧非常出色，他获得了第一名，是班上最好的。但他对自己并不满意。我认为他最大的问题就是从不对自己感到满意。

到18岁生日的时候，他的焦虑已经相当强烈了。但对我来说，

这似乎不太像是焦虑，更像是一种倦怠。他和我们私下认识的一位心理学家谈过几次话。在那之后，他的情况稍微稳定了一些。但他的焦虑总是会卷土重来。我不能确切地说那是从什么时候开始的，它总是分阶段出现。回想起来，我注意到他的青春期过得非常顺利。对他来说，青春期危机来得相对较晚。在他十几岁的时候有过一些波动，但没有那么严重。他全身心地投入到小号之中。9岁时，他在一篇学校作文中写道，他想有一天成为一名小号手。后来，他甚至不再踢足球了——他其实很喜欢踢足球，也踢得很好——这样他就可以去读音乐学院的大学预科班。毫无疑问，他下决心要吹小号。

他的上进心在排练和表演的时候尤为明显。他经常练习，并且总是随身带着他的小号，甚至在度假的时候也不离手。一旦无法进行排练，他就会感到紧张。即使在他还是个孩子的时候，我们有时也不得不限制他，因为他练习得实在是太多了。如果一场表演没有按照他的计划进行，那可真的太糟糕了。有一次他在音乐会上作为独奏者表演，但没有正常发挥，作为父母，我们也注意到了这一点，但其他人可能没有。我不知道他发挥得不好是因为焦虑还是他今天整体运气不佳，有时的确会遇到这样的情况。不管是什么原因，后来他真的逃跑了，只是开车离开了，没有在最后的掌声中再次回到舞台上。他发了一条短信说他现在要回家，因为他出了大丑，再也待不下去了。至今，我仍然害怕这样的情况会重现——害怕他以独奏者的身份表演，而他所遭受的类似事情再次发生。直到今天，当我坐在观众席上，而他在管弦乐团中有一个简短的独奏部分要演奏时，我仍然发现自己在颤抖，并祈祷一切顺利。

有时，他的上进心和他后来的焦虑给我们的母子关系带来了很大的压力。我们全家一直都很支持他，但有时我们就是无法接近他。虽然他实际上是个非常善于沟通的男孩，当他出去表演时，他会经常给我们发短信和各种各样的照片。但当他全神贯注于他的音乐，并且对表演不满意时，我们甚至无法和他说话。他拒绝与我或其他任何人交谈，完全封闭自己。这产生了许多压力，因为我喜欢坦诚相待，想要消除那些不愉快的气氛。我想帮助他。然而，这并没有帮到他。他想一个人待着，把自己藏起来。这让我感到很无助。在某个时刻，他会哭泣或尖叫。他将自己的内心完全藏了起来。对我来说，应对他的沉默尤其困难。他不想让任何人和他在一起或者帮助他，即使是朋友也不行。

有一段时间，这种情况也让我和丈夫的关系变得紧张，因为我们的处理方式截然不同。我的丈夫比较理性，他说我们的儿子现在必须能够自立，自己处理这些事情。这对我来说非常困难，因为我更像是一只"带着小鸡的母鸡"。我自己也和朋友们谈过很多，这让我获益匪浅。我有一个朋友是行为治疗师，她给我提供了很多帮助，同时也鼓励我振作起来。

如今，我意识到对未来的焦虑也是他的压力来源之一。自从在一个管弦乐团找到固定职位后，他就平静了许多，不再有那么大的压力。我认为，他不知道未来的职业生涯要如何走下去，在某种程度上经济来源仍然依赖自己的父母，这些事也给他带来了沉重的负担。现在我们的关系在本质上变得更好也更轻松了，我也明白了在这种情况下保持耐心是多么重要。父母不应该把所有事情都看得太个人化，也不要过多思考孩子的焦虑问题是不是父母自己的问题。当他想要交谈时，我努力试着仔细倾听；当他想要独处时，我努力试着尊重他的想法。但这对我来说还是有些困难。

分离焦虑

成年期的分离焦虑是首次被纳入最新修订的国际疾病分类标准
（ICD–11）的两种"新型"焦虑症之一。然而，分离焦虑本身不是一
种新现象，它也并不总是和疾病相关。比如在儿童身上，分离焦虑早
已为人所知，只要它发生在正确的年龄且只是暂时存在，那就属于儿
童发育过程中一种完全正常的现象。当父母或其他亲近的照顾者在空
间上远离自己的时候，几乎所有6个月到1.5岁的儿童都会或多或少地
通过哭闹抗议。

这种行为的背后可能存在某些进化上的原因。因为这个年龄段的
儿童一方面能够从视觉上识别出他们的照顾者是养育和保护自己的
人；但另一方面，他们还不能照顾自己，也不能足够快地脱离某些危
险的处境。因此，处于分离状态的儿童会尖叫和哭泣，只有当照顾者

再次出现并在视线范围之内时才会停止。

　　然而，如果超过这个年龄段还一直存在分离焦虑，甚至在这个年龄段之后才开始出现分离焦虑，那么从发展心理学的角度来说，这种分离焦虑就不再属于发育的"正常"范围内。当分离焦虑给患者或他们身边的人带来负担或损害时，它就会成为一种疾病。研究表明，这种病理性分离焦虑在儿童时期的发作通常从7岁左右开始，并往往在青春期时再次减少。这个年龄段的儿童已经可以很好地用语言表达他们的焦虑，并且经常会吐露他们害怕父母不在身边的时候发生事故，或成为事件的受害者。因此，上幼儿园或者去学校经常会引发儿童的尖叫或攻击性行为。此外，当他们去拜访朋友或住在亲戚家里时，他们的父母通常必须在场。儿童期分离焦虑的典型症状还有身体上的不适，如胃痛或头痛，这些症状可能在即将分离前出现，并在分离之后再次加剧。在身体层面上，它们表明了分离所导致的焦虑和压力的增加。

　　显而易见，上述症状给儿童带来了巨大的压力，并可能严重阻碍他们社交关系的发展。此外，在行动范围和生活质量上的限制可能会对父母和孩子之间的关系产生负面影响。父母之间的伴侣关系同样也会面临考验，特别是双方在如何以"正确"的方式对待孩子及其焦虑症状的问题上存在不同意见时。

成年人也会患病

分离焦虑可以作为一种单独存在的疾病持续到患者成年，在某些情况下可能成年后才会首次出现。目前的数据甚至表明，在成年人被诊断出分离焦虑的案例中，约有40%是在18岁之后首次出现的。然而，成年人的分离焦虑通常不再与父母有关，而是与他们当下人生阶段中最重要的人有关，尤其是伴侣、孩子或兄弟姐妹。

患有分离焦虑的人通常会担心自己因为事故或暴力犯罪等失去他们重要的人，而这种担心往往并没有事实依据。特别是当他们即将或正处于较长时间的空间分离情况下，例如由于伴侣出差、度假旅行，或者女儿在国外旅居，患者的担忧会显著增加，并且演变成对具体情况的焦虑。然而，对于许多人来说，引发他们的分离焦虑并不需要"特殊情况"，日常通勤、上学或周末购物就已经足够了。相反的情况通常也是一个大问题。对于那些患有分离焦虑的人来说，把重要的人单独留在家里是非常困难的，甚至是不可能的。许多患者避免或拒绝独自做一些日常生活中的事情，或者通常不在没有伴侣或孩子陪伴的情况下离开家门，只为了一直和他们待在一起。

在无法避免的分离情况下，焦虑有可能会严重到惊恐发作的程度，并且通常出现反复确认行为——这与广泛性焦虑障碍非常相似。患者会通过电话与他们的照顾者保持联系，以便随时让自己安心。分离焦虑与广泛性焦虑障碍的另一个相似之处是入睡障碍和通眠障碍，这也是由于患者的思绪一直陷在有关分离或可能的失去中循环流转，以及他们身体上或多或少长期存在压力症状。然而，与广泛性焦虑障碍不同的是，分离焦虑只会对分离感到焦虑，对生活的其他方面并不会出现显著焦虑。

德国目前还没有关于成年人分离焦虑发病率的数据。而美国的一项大型研究表明，美国总人口中约有1%符合分离焦虑的诊断标准。与大多数焦虑症一样，分离焦虑在童年期和成年期对女性的影响都大于男性。然而，随着年龄的增长，这种性别间的差异逐渐发生变化。最新的研究结果甚至表明，男性在18岁以后发病的人数多于女性。

在接下来的几页中，汉娜·施塔姆向我们讲述了在成年早期才出现的分离焦虑是如何影响她的生活的。

汉娜·施塔姆，35岁，幼儿园老师
（患者诊断结果：分离焦虑）

这一切都要从16年前我父母分手说起。在共同生活了25年后，他们以一种非常不愉快的方式分手了，这完全出乎我的意料。不管是为人父母还是作为彼此的伴侣，他们一直是我的榜样，所以我真的非常惊讶。我有一个美好的童年，我和我的父母关系非常不错，然而他们的分离打破了这一切。突然间，我的母亲和她

的新伴侣一起离开了。与此同时，我的姐姐也搬了出去，只剩下我、父亲，还有两个弟弟。我不得不处理很多事情，在精神层面支持我的父亲，并且比以往更多地照顾两个弟弟。尽管我和母亲又恢复了联系，但这种联系非常有限，而且压力很大。父母分开的时候，我的两个弟弟分别是14岁和16岁。我的父亲抛下了很多事情，他对一切都感到不知所措。我的弟弟们做了很多本该由父亲允许才能做的事。但我父亲什么都没有做，他沉浸在自己的痛苦中，基本上和行尸走肉没什么两样。

我和弟弟们一起照顾了父亲两年，在他身边陪伴着，即使半夜他因为想要聊天而打电话给我们，我们也都会陪着他。母亲的离开对他的影响很大，他不再能够像以前那样工作了，他会长时间待在家里。这一切对我们所有人来说都很有压力。我甚至没有想过要搬出去，我父亲不会允许的。他总是强调他需要我，我们四个人是这个家庭仅剩的家庭成员。我的姐姐已经被排除在外，因为她已经搬了出去。我确实感受到了压力，但这也让我和父亲的关系变得更加亲密。当我告诉母亲我无法再忍受这一切时，她告诉我无论如何都要设法搬出去住。但我找不到任何办法。我怎么能那样做呢？父亲确实需要我。如果搬出去了，我就会像母亲和姐姐一样"被排除在外"了。

在我母亲离开两年后，我父亲突然得了重病，没过多久就去世了。法院随后将他所有的一切都授权给了我，包括所有涉及财产和后事的事宜。这给21岁的我带来了很大的压力，尤其是当我不得不决定如何处理后事的时候。但起初，事情并没有发展到那一步，因为医生将他救了回来。然而一切都和以前不一样了。他得了食道癌，没有多少时间了。我每天都在医院，几乎住在那里。我总觉得不能丢下他一个人不管，毕竟他没有别人可以依靠了。他也不想和我母亲有任何联系，尽管我母亲很想见他，但她没有被允许来探病。当我父亲再次回家时，他成了一个需要护理的病人。刚开始，我仅靠自己照顾他，但随着他在短时间内失去自理能力后，我变得越来越不知所措。所以我找了一个护工来照顾我的父亲，直到他在家中去世。

同一年，我母亲也得了癌症。医生认为她熬不过去，但幸运的是，她活了下来。有一段时间，我很害怕会在一年内同时失去父亲和母亲。这真的给我造成了深刻的影响。10年前，我和当时的男友也感情破裂了，因为他无法和我一起面对这一切。那时候，我觉得我过去生活的一部分已经死去。随着时间的推移，我越来越害怕我爱的人会发生什么意外，越来越害怕他们会离开我。

父亲去世的前两个月，我从原来的家搬了出去。那时我就知道我们会失去这栋房子。父亲去世后，我搬去和弟弟一起住，因为他那里没有其他人，而且我也没法麻烦仍旧身患癌症的母亲。

不知怎的，我无法摆脱照顾家人的这项责任。就在那时候，我弟弟开始不得不告诉我他要去哪里，以及什么时候回来。发展到最后，我几乎必须掌控他所有的事情。当我弟弟去买牛奶的时候，我会打电话给他，看他是否想起要买牛奶。虽然就算他没有想起要买牛奶，事情也不会变得很糟糕。但我不知怎的，就是必须这样做。我总是能和我弟弟很好地谈论这一切，对此我真的非常感激。

8年前，我搬了出去，一个非常要好的朋友搬来和我弟弟一起住。我在附近有自己的公寓。这对我们俩都有好处，因为我扮演了太多母亲的角色，这并不好，也给我带来了很多负担。我很喜欢独居，但独居也给我带来了很多焦虑。13年前，我就开始养猫，这只猫的名字是我和父亲一起取的。这些年来，这只猫一直陪伴着我，它是我的一切，是我的全部依靠。有它陪在身边，我一个人在公寓里也过得很好，我们的关系非常亲密。开始工作后，我养了第二只猫。两年前，我的第一只猫去世了，这对我来说真的很糟糕，它的离开让我失魂落魄，情绪十分低落。它是如此完美，它与我的关系那么密切，总是能察觉到我的状况不好，然后依偎到我身边。它去世对我来说真的打击很大，几乎比我祖母去世还要悲伤。我的祖母享年96岁，可以说是寿终正寝。她去世对我来说也打击很大，因为她是我父亲的母亲。不知怎的，我感到我父亲的最后一部分也随着她的逝去消失了。

同时，我和弟弟的一个发小也患了癌症。这在当时对我们来说过于沉重。先是我的弟弟去看了心理医生，然后是我。在此期间，我们这位朋友不幸去世了。一开始，家人们为了不刺激到我而隐瞒了这件事，这样我就可以继续待在诊所。后来，我还是发现了，我向他们保证，我会继续接受治疗，但前提是允许我去参加葬礼。

直到今天，我仍旧害怕我母亲会死去。有时我还会梦见我的弟弟或婆婆发生了意外，也会担心我的好朋友们。我真的很担心他们，他们应该告诉我已经安全到家了。我这种行为在我丈夫身上更加毫无节制。他必须忍受很多事情。他每天都必须告诉我他要去哪里，并且在到达目的地后还要时不时地给我打电话，但他说他不介意这样。我们每天早上都会告诉对方自己已经安全抵达。不管以什么方式，我们双方都需要这种告知。然而，获知对方安全抵达对我来说更加必不可少，在等待期间我也有过惊恐发作，以为他发生了什么意外，或者想象他已经不在那里了。我有一种感觉，我不能没有他。这当然给他造成了很大的压力。他就是我全部的幸福。他也对我说，我是他全部的幸福。尽管如此，这仍然是我最大的恐惧。我们在一起5年了，结婚也快4年了，但我们其实已经认识10年了。我们是在心理诊所认识的，他去那里看望他当时的女朋友。几年后，我们走到了一起。

　　由于工作上的原因，他最近不得不每天开车将近8个小时。我惊慌失措，担心他在高速公路上会出什么事。他拿到驾照才2年而已。我不停地给他发短信，尽管我知道他在开车的时候无法回复。我告诉他不要忘记休息，记得在到达目的地后给我打个电话。除了焦虑，我还存在抑郁的情绪。我会突然不明缘由地开始哭泣。我的喉咙就像堵住了一样，我很焦虑。有时候我会焦虑普遍意义上的未来，有时候我会焦虑某个没有我丈夫存在的未来……早些时候，情况真的很糟糕。那时我会在超市突然间惊恐发作，像疯了一样哭泣，除了"我很害怕"这几个字外什么都说不出来。幸运的是，我的丈夫对此接受良好，并给了我很多支持。我们聊了很多，包括他是如何处理这种情况的。他说这并没有给他带来太大的压力，但我真的不敢相信。在任何情况下，他都是我的港湾和依靠。他从来没有让我觉得我哪里有错，或者有什么不对劲。他一直接受这是我生活的一部分。我们保持着经常交谈的习惯，真的什么都聊。

　　回想起来，我对自己这些年的表现感到有点惊讶。我只有过几次旷工，我还完成了几门培训和进修课程，并且总是取得很好的成绩。对我来说，重要的动力就是向我的父母证明我能做到某些事情。然而，今天，我意识到又开始过分关心别人时，能够更好地把控自己该干什么和不该干什么。

我在日常生活中为自己打造了一个小小的绿洲，这对我很有好处。抱着我的猫、泡上一个澡、和朋友聊聊天……今天，我已经接受了我的焦虑障碍只是一种疾病，一种我无法控制的疾病。我不必为此感到羞耻，这只是生活的一部分，我只是单纯经历了这些事情。

分离焦虑对周围的人意味着什么

患有分离焦虑的人会十分关注他们认为重要的人，这常常让这些人感到自己被牢牢地纳入了某个圈子。特别是患者频繁地询问他们的行踪和健康状况，或者反复确认彼此之间的关系没有出现问题，往往会导致伴侣、孩子或朋友抱怨自己失去了自由，感觉在这段关系中无法再自由呼吸。然后，也许儿子会出国更长一段时间，伴侣要求"暂停"，或者朋友想要"休息一下"。矛盾的是，这种情况又进一步证实或加剧了患者的恐惧。从照顾者的角度来看，尤其棘手的是焦虑的"非理性"特征，这种"非理性"情况即使通过多次冷静的谈话也无法改变。

在接下来的几页里，克里斯托夫·施塔姆向我们讲述了他是如何与妻子的分离焦虑共处的。

克里斯托夫·施塔姆，30岁，
汉娜·施塔姆的丈夫
（患者诊断结果：分离焦虑）

我从一开始就知道我的妻子患有焦虑障碍。我们是在一家心理诊所认识的。我去那里看望我当时的女朋友，她也是那家诊所的病人。汉娜和我是在几年后才在一起的。她从一开始就很坦诚地和我谈论她的焦虑障碍，但我直到半年后才真正意识到她很焦虑。起初我真的不明白她到底怎么了，某个微不足道的小事就能引发她惊天动地的反应。有一次我没有告诉她我在哪里，她试图给我打电话，但没能接通。其实我只是和一个朋友待在一起，没看手机而已，但她立刻联想到了最坏的情况。我无法理解这一点，并感觉事情被严重夸大了。

起初我会想，这真是无稽之谈，我的妻子突然如此焦虑到底是怎么回事？但这些年来，我对她焦虑的理解不断加深。很明显，她没有办法控制自己。我非常体谅她，于是我做出了让步，减少和朋友的见面时间——当然这是我自愿的，我想花更多的时间陪伴她。但并不是我所有的朋友都理解或想要理解这一点。有些人会问："你为什么又待在家里了？她就不能自己干些什么事吗？"不，她就是不能。而我对此并没有什么意见。但我可以想象，在可能与我们不太一样的一段关系中，这种情况也许不知何时就会成为一个问题。因为我们彼此交谈很多，也有着同样的幽默感，所以无论我们多久见一次面，都不会让对方感到心烦，这就造成了很大不同。

我想，只要我陪在她身边，就是对她最大的支持。大多数时候，这对她帮助很大。她总是说需要我。因为我们无话不谈，所以我能很好地理解她的焦虑。即便如此，很多时候我也不知道该怎么办，在这种情况下，我们通过交谈无法取得任何进展。然后我就只是拥抱着她，给她做杯可可或类似的东西——然后在某个时刻，焦虑就会停止。刚开始的时候，她的焦虑会更加严重，但如今已经好很多了。

当我妻子的弟弟出国以后，她的焦虑又加深了。然后她频繁地与她弟弟进行联系，并在自己的焦虑变得更严重时告诉了我。当她不谈论自己的想法时，我判断病情的唯一方法就是她的情绪，或者她什么时候突然莫名其妙地哭起来。当我问她发生了什么事时，她说她很焦虑。通常我无法真正理解她的想法，这让情况变得十分困难。总的来说，虽然我确实觉得我妻子的焦虑限制了我，但对我来说没有什么关系，也并没有那么严重。

我的妻子也会频繁地和某些朋友联系，目前主要是和其中的某一位朋友联系。我觉得这很累人，因为我不想每天晚上下班回家都见到别人。我更愿意花时间和妻子一起享受安宁。但这是不可能的，因为她的朋友和我们在一起。不管我愿不愿意，她的朋友都在那里。我也告诉过她，我想有更多的时间和她在一起，或者有更多的时间休息。她明白这一点，但她也需要和别人联系。我试着去理解和体谅她的做法，但这并不容易。有时这种情况也会让我们双方都感到筋疲力尽。然后我会告诉她，我现在不想让其他人在这里。但朋友在身边这件事对她来说很重要。她发现很难对自己的需求置之不理。然后她的需求就会升级，但一切仍然在可以接受的范围内。

当她不停地哭泣时，我有时会感到很无助，不知道该怎么办了。我什么也做不了，只是坐在那里，不知道她内心发生了什么。所有我给出的建议都被她拒绝了。然后我沉思着等待一切结束，就陪在她身边。最棘手的是她晚上发作，而我实际上需要睡眠，因为第二天还要出门。然而，我不能在她躺着哭泣的时候睡觉。当我因为她只睡了三个小时的时候，她会感到内疚。但我知道她不是故意的。

有时，我会害怕在我和朋友会面的时候，我妻子出现焦虑的情况。我希望在那种情况下，她不会再惊恐发作。最好是我能提前计划好我的行程，并让她知道。这样她就能做好心理准备，不受焦虑的折磨。但让她自发地摆脱焦虑是十分困难的。如果我计划与我最好的朋友在短时间内小聚一场，但我却离开了太长时间，那么我的妻子就会开始担心。如果她像从前一样给我打无数个电话，我的心情就会变得很糟糕。我有时会生气，因为她的情况让我感到紧张。她并不总是能理解这一点，但现在好很多了。当我们和朋友一起出去时，她会突然大哭起来，这种情况也很不容易应对。但我已经习惯了这种突发事件。真正的好朋友都知道她的情况，并且能够做出合适的应对措施。如果人们能更好地了解这种疾病，知道它意味着什么，以及知道我妻子为什么突然开始哭泣，很多事情肯定会变得更加容易。我想这对每个受到波及的人来说，也会更加愉快。我们最亲密的朋友了解了我妻子的病情后，我和我的妻子就已经感觉轻松很多了。

选择性缄默症

除了分离焦虑之外，选择性缄默症也作为一种"新型"焦虑症被纳入了国际疾病分类标准（ICD-11），尽管在部分情况下沉默本身并不是一种新现象。选择性缄默症的特征是患者在某些需要说话的特定情况下不能说话，并且持续至少四周的时间，与此同时，患者在其他情况下能够正常说话。患者在社交、学习或工作方面的表现会受到妨碍，但他们的语言能力正常。他们沉默不语不是因为缺乏语言能力、对语言感到不适或有口吃等沟通障碍。并且，这些症状也不是由另一种精神疾病所导致的，比如可能导致部分或完全沉默的自闭症、精神分裂症。

当患有选择性缄默症的儿童在社交场合遇到其他人时，他们不会主动发起任何谈话，也不会在被搭话时表现出任何互动反应。成人和儿童都可能出现这种情况。患有选择性缄默症的儿童经常会在家里与亲密的家人说话，但通常无法在亲密的朋友或者不熟悉的亲戚面前说话。

这种疾病的特点通常是强烈的社交焦虑。患者往往拒绝在学校里说话，有时他们也会使用非语言的交流方式，例如用手比画、写字或嘀咕。这种疾病的典型表现是过度害羞、社交场合拘束、社交孤立，以及社交退缩和依恋。然而，患有选择性缄默症的人通常也会表现出强迫行为，例如在日常生活中对条理和定规有明显的需求。有时这会引发愤怒或轻微的反抗行为，儿童会对权威人物表现出某种挑衅或敌意。

总的来说，选择性缄默症是一种罕见的疾病。最新的研究表明，这种疾病的发病概率在0.03%～1%，与性别或种族因素似乎没有关系。年幼的儿童比青少年、成年人更容易患上这种疾病。选择性缄默症通常开始于5岁之前，然而，这种疾病往往只有在儿童上学后才会显现出来，因为那时他们需要进行更多的社交互动，并被要求更多地表现自己。

虽然这种疾病的持续时间或长或短，但随着年龄的增长，它的严重程度往往会逐渐减弱，并且在老年人中极为罕见。然而，如果患者同时存在社交焦虑障碍，那么它通常会在成年后继续存在。社交焦虑障碍也是伴随选择性缄默症所出现的最常见的疾病，其次是其他焦虑症，如分离焦虑和特定恐惧症。选择性缄默症会严重损害患者的社交发展，因为与他人的互动往往受到限制或者根本不曾习得。除了社交孤立之外，选择性缄默症还可能导致儿童被他人愚弄和取笑。

焦虑障碍及其症状

◇广泛性焦虑障碍◇

指广泛而持久的焦虑，不局限于任何特定的环境或情况，是"自由浮动的"。主要症状是担忧和恐惧，通常与家庭、健康、财务、学校或工作有关，并伴有肌肉紧张、不安、交感神经系统激活、紧张、注意力紊乱、易怒、敏感性增加或睡眠障碍等情况。

◇惊恐发作◇

惊恐发作会反复出现且突如其来，是一种在短时间内的强烈恐惧或担忧，并伴有突发症状，如心动过速（心悸）、心率加快、出汗、震颤、呼吸急促、胸痛、头晕、感觉热或冷、害怕死亡、害怕失去控制、心脏病发作或类似的痛苦，甚至死亡。它会导致患者出现预期焦虑或回避行为等情况。

◇场所恐惧症/广场恐惧症◇

面对或置身于不能随时逃离、随时得到帮助的情境时，如在公共交通工具上、在人群中、在离家很远的地方、在商店里、在剧院内或在排队时，患者会出现过度焦虑和恐惧。患者会因为害怕惊恐发作或它带来的不便和尴尬的症状（如大量出汗）等消极经历而持续对此类情境感到担忧，主动回避此类情境，或者在极度不适和付出巨大努力的情况下面对此类情境。

◇惊恐障碍伴场所恐惧症◇

指突如其来的惊恐发作并伴有场所恐惧症/广场恐惧症的症状。有时由于患者强烈的回避行为，惊恐发作不会再次出现。

◇社交焦虑障碍◇

指对社交场合或社交互动存在明显的过度焦虑。通常伴有对自身被负面评价或行为尴尬的担忧。患者会回避相应的情况，或者在强烈的焦虑和紧张下忍受这些情况。

◇特定恐惧症◇

指对某些情境或物体（如某些动物、高处、乘飞机、密闭空间、血液或者伤口等）存在明显的过度焦虑。

◇分离焦虑◇

指对和重要的人分离过度焦虑。在儿童时期很常见，但也可能在成年后才出现。

◇选择性缄默症◇

指在某些情况下不能说话，但在其他情况下可以正常说话。通常发生在儿童时期，但也可能在成年期持续下去。

焦虑障碍的可能后果

患有焦虑症的人有时还会患有其他精神疾病，或者出现一些由于焦虑的高度心理压力而导致的问题行为。在这种情况下，抑郁症和成瘾物质的使用是两个特别重要的问题。

抑郁症成了后遗症

研究表明，许多患有焦虑症的人在患病期间至少会出现一次抑郁症。一般来说，抑郁症是在焦虑症之后或者由于焦虑症而产生的。这一观察结果可以通过我们在夏里特医院焦虑门诊的咨询经历得到证实。来找我们咨询的患者中有相当多的人除了说明各自的焦虑症之外，还描述或表现出了为期至少两周的典型症状群，包括以下特征：

情绪低落、失去动力、感到快乐的能力下降、兴趣丧失、注意力和记忆力下降、食欲不振、性生活发生变化（如性欲丧失、高潮或勃起困难）以及入睡障碍和通眠障碍。这意味着他们已经满足了抑郁发作的诊断标准——在这种情况下为中度至重度。

大多数患者在回忆既往病史时说，他们的抑郁症状是在焦虑症之后出现的，并且他们也认为焦虑症是导致抑郁症出现的原因。他们生动形象又充满感情地讲述了反复且难以预测的惊恐发作或过度担忧所造成的压力和损害是如何导致抑郁症发展的。与此同时，社交焦虑障碍或场所恐惧症患者也往往能够活灵活现地描绘出，他们是如何因日益扩张的焦虑范围或自身的特定回避行为而在社交上变得越来越孤立，活动范围变得越来越局限。他们放弃了自己喜爱的活动，生活质量也几乎为零。根据患者自己的说法，随着时间的推移，他们开始越来越多地哀悼过去，他们的情绪变得越来越糟糕，最终逐渐出现越来越多的抑郁症症状。

重要的是要知道，焦虑症和抑郁症都属于"应激性"精神疾病，即压力在这类疾病的发展和维持中发挥着重要作用。（我们将在第三部分更详细地讨论压力在焦虑症中的作用）。在焦虑症和抑郁症这两种疾病中，信号分子血清素的效力受到干扰，而血清素在大脑中具有调节压力和情绪的关键功能。然而，这就会像猫咪咬自己的尾巴一样开始恶性循环：人们由于对压力的敏感性增加而患上焦虑症，由疾病所导致的压力和损害又会反过来显著增加他们的压力。这种压力可以通过已经存在的压力敏感性略微抵消一部分，但会导致患者朝着抑郁症的方向发展。

另一方面，正是由于焦虑症和抑郁症在生物学原因上的相似性，通常可以通过同样的药物得到有效治疗。认知行为疗法也是焦虑症和抑郁症的首选心理治疗方法，它对这两种疾病都非常有效。

酒精的摄入

焦虑症可能导致对成瘾性物质的不良需求——特别是当患者的情绪负担因额外的抑郁症而显著增加时。酒精通常在这一过程中扮演了重要的角色，或者更确切地说，随着时间的推移，它成了一些患者的永久伴侣。这主要是因为酒精在短时间内能减轻焦虑、放松身心。大多数人都有过这样的经历：在喝了两三杯酒之后，你会感到更轻松也更放松，并且敢于做一些你喝同样量的矿泉水后不会做的事情。许多人还表示，酒精的作用会使人与日常生活产生一定的心理距离——通常也会与心理压力和焦虑产生一定的心理距离。

因此，患有焦虑症喜欢摄入酒精是可以理解的。也许一个患有社交焦虑障碍的人只有在喝了几杯啤酒、香槟或葡萄酒之后，才能陪同伴侣一起参加聚会，并在那里与其他客人自在交谈。酒精也可以让你更轻松地进行一场工作面试或者在同事面前展示某份季度数据。而"事后小酌一杯"可能有助于你至少在短时间内忘记考试中自己有过结巴之类的尴尬情景。特别是对于患有场所恐惧症的人来说，适度的酒精摄入可能意味着乘坐公共交通工具去上班或去拜访熟人的路程变得可以忍受，如此一来，工作上的冲突或被社交孤立的情况可能就会减少。最后，至少在主观上，广泛性焦虑障碍或分离焦虑的担忧可以在字面上被"淹没"，这就是为什么对于那些患者群体来说，晚上饮酒甚至可以在短期内改善睡眠质量。

出于以上所有原因，患者的酒精摄入量很快就会超过安全限度。根据德国药物滥用控制中心的建议，男性每天的最大酒精摄入量为24克，女性则为12克，相当于250毫升或125毫升葡萄酒——每星期有两天不喝酒。如果经常超过这个值，饮酒的数量和频率增加，就可能导致酒精过量摄入并最终造成损害。这意味着即使已经产生了身体上和社交上的负面后果，但由于其减轻焦虑的作用，人们仍会继续饮酒，并因此可能会导致肝脏数值异常，或者领导因为嗅到你的"酒气"而找你谈话或给予警告。在最坏的情况下，这种情况可能发展为酒精依赖。酒精依赖可以通过一系列标准进行判断，包括以下几个方面：

●*耐受性增加：必须摄入越来越多的酒精才能达到和从前同样的效果。*

●失控：无法控制饮酒的地点、时间和量。

●戒断综合征：突然戒酒时，会出现颤抖、出汗、恶心、血压升高和严重不安等症状。

酒精依赖使焦虑症的治疗变得极为困难，尤其让心理疗法在许多情况下都无法有效使用。因为在采用这种既刺激精神又十分重要的治疗步骤，例如暴露疗法中的焦虑刺激（见第四部分）时，酒精依赖会使那些新激发的焦虑或其他负面情绪被摄入的酒精所"抑制"，从而导致有效的治疗被阻断。因此，在患者已经存在酒精依赖的情况下，通常需要以门诊或住院的方式戒酒，并稳定维持数周到数月的时间，才能开始有效治疗潜在的焦虑症。

镇静药的使用

第二个问题是镇静药的使用、滥用或依赖成瘾。镇静药依赖的发展过程与酒精依赖基本相同。这里的镇定药确切指的是所谓的苯二氮卓类药物，其中包括地西泮（安定®）、劳拉西泮（氯羟安定®）、阿普唑仑（佳乐定®）、溴西泮（宁神定®）或氯硝西泮（利福全®）等药物。我们将在第四部分更详细地讨论它们。一方面，这些药物成分在减轻焦虑方面快速、可靠；但另一方面，它们具有相对较高的成瘾可能性。相应的药物依赖性可以在短短几周内就形成，特别是在患者定期服用的情况下。

这里的问题是，患者经常会形成一种"处方依赖"，因为这些药物成分往往很轻易地出现在医生所开的处方上。有时候是患者没有充分意识到这些成分的潜在依赖性，有时候是医生没有注意到这种临时使用的情况。就像酒精一样，患者通常意识到了风险，但他们屈服于这种物质"恶魔般的魅力"，因为他们自己所遭受的痛苦和损害实在是太大了。

在这一点上应该强调的是，到目前为止，并非所有患有焦虑症的人都会产生物质依赖。相当多的患者甚至告诉我们，他们会故意回避酒精、苯二氮卓类药物或其他药物，因为失去控制的风险对他们来说太高了。然而，相关研究也表明，对不同物质的滥用或依赖与焦虑症之间存在明显的联系。因此，无论是焦虑症患者本人还是其社交环境中的人，都应该特别注意这一点，从而防止某些物质的滥用甚至依赖。特别是在饮酒方面，不仅应该定期严格评估饮酒的数量和频率，而且还应该质疑饮酒的目的：它仍然是纯粹的享受吗？还是它也能减轻某些症状？

焦虑都应由精神病科医生治疗吗

虽然我们在本书中主要研究的是焦虑症，但也想给予众多其他生理和心理疾病一定的关注，因为焦虑往往也是那些疾病的症状之一。心脏血流不畅或身体供氧不足导致的焦虑，也是一种预示潜在危险的信号，应和日常生活中的"正常"焦虑一样认真对待。像脉搏加速、呼吸急促、出汗和发抖等身体症状极可能是焦虑症的症状，也可能是由其他心理疾病或生理疾病引发的。通常而言，医生需要评估每位患者的症状和情况，再从医学角度判断需要做哪些检查。为了做出诊断，除身体、心理检查外，也可能有必要对血液、尿液或其他身体组织进行检查。

因此，所有因疑似患有焦虑症而来到焦虑障碍门诊的患者，都会先接受一次血液检查。多数情况下，如果患者未在家庭医生或内科医生处接受过该项检查的话，还需要做一次心电图。这些检查是很有必要的，因为患者时常告诉我们，他们反复自发或在特定场景下经历心悸、出汗、发抖、头晕、排尿或排便困难、体温突然升高、对环境产生巨大的失控感和陌生感，以及明显的预期焦虑。这些是焦虑发作的典型症状。但血常规的检查结果可能会出乎人们的意料：有时血检发现患者甲状腺激素水平发生明显变化，这常常意味着甲状腺功能过于活跃，即"甲状腺功能亢进"，而这也能导致患者感到惊恐。

甲状腺

甲状腺是负责物质交换的重要器官。它产生了两种名称都十分拗口的激素：三碘甲状腺原氨酸（T3）和四碘甲状腺原氨酸，也叫甲状腺素（T4）。这两种激素能提高机体的基础代谢率——几乎所有器官都受它们的调节。例如，当这两种激素被释放到血液中，就能代谢分解多余的脂肪、糖分；还能增加汗腺、肠道活动，提高肌肉和神经元的兴奋性。这些过程让我们的身体消耗了更多能量，反过来也促进了体温升高。而甲状腺功能亢进时，血液中循环的T3或T4激素浓度就会过高，因此往往引起一系列症状，如心动过速、血压升高、出汗、发抖、呼吸急促、有腹泻感、"潮热"、头晕和极度紧张。而这些症状与惊恐发作或普遍的焦虑反应相类似。

问诊时，我们还会有针对性地询问患者有无其他症状，如失眠和注意力不集中、在过去几周或几个月内体重无故下降、脱发或性功能障碍（如性欲减退或勃起功能障碍）。我们得到的回答常常是，许多患者都出现了以上所有症状。这时，精神病科医生就该意识到，不应将之当作焦虑症进行治疗，因为用抗精神病药物或心理疗法来"治疗"甲亢通常是无效的，还可能令患者感到尴尬。

因此，首先要找出甲状腺功能紊乱的原因。大多数情况是自身免疫性疾病，即"格雷夫斯病"，或"自主性高功能甲状腺结节"引起甲状腺激素增加。但也有相当罕见的原因，如甲状腺炎或甲状腺瘤也可能导致甲状腺功能亢进。接下来，应由全科医生或代谢科医生、内分泌科医生进行进一步的诊断和治疗。根据甲亢的原因和严重程度，可能需要使用阻断激素分泌的药物、放射性治疗甚至手术来清除病灶，从而解决甲状腺功能亢进的问题。

然而，也有许多因血液中甲状腺激素浓度过高而正在接受治疗的患者，其患病原因实际上却相对稀松平常，与上所述原因正相反——是甲状腺功能减退症导致的。甲状腺功能减退症的患者，产生或释放的甲状腺激素太少，根据患病严重程度不同，也会出现令人痛苦和身体衰弱的症状。这些症状往往与甲状腺功能亢进症的情况完全相反，即疲劳、无力、头脑昏沉、嗜睡、体重增加、便秘、心率过缓和低血压。

全科医生或内分泌科医生通常用甲状腺激素对有上述症状的患者

进行治疗，常用药为人工合成甲状腺素，即左甲状腺素片。由于甲状腺功能不是"静态"的，在治疗过程中会发生变化，患者症状也会有所改善，因此定期监测血液中的甲状腺激素水平是十分必要的，这样就可以评估在治疗的各个阶段使用的左甲状腺素片剂量是否合适。然而，不论出于什么原因，如果患者无法或不能定期进行血液检测，则可能会出现长期服药"过量"的情况。患者就会罹患"药物性甲状腺功能亢进症"，又会出现甲亢的相应症状。这就是为什么正在接受甲状腺治疗的患者如果出现恐慌或焦虑的症状，就必须首先检查甲状腺激素水平，必要时调整药物用量。

心脏病

除了甲状腺相关的疾病，其他生理疾病也会引发类似焦虑的症状或加剧焦虑，尤其是心脏病。因此心肌梗死的症状与惊恐发作的症状高度相似，二者通常都伴随着突如其来的心悸、出汗、恶心、明显的焦虑感、严重的烦躁不安，且常有胸部紧绷感或压迫感。所以，患者首次出现这种症状时，寻求医疗救助是非常必要的。这不是谨慎过度，而是无比重要、关乎性命安危的。尤其是如果已经患有心脏病，还伴有高血压、高胆固醇、肥胖、糖尿病或年龄较大等风险因素，首次疑似惊恐发作出现在50岁以上——发病年龄段较为罕见的患者，借助心电图和某些实验室化验结果，可以迅速将心脏病与焦虑症障碍区分开来，然后根据患者的情况采取正确的治疗措施。

许多病人在第一次来到焦虑障碍门诊时告诉我们，他们已经因为这种症状去过急诊室或给急诊医生打过三四次电话了，但每次心电图和血常规检查的结果都没有任何显示急性心脏病的迹象。如果这些患者的甲状腺激素的水平也未见明显异常，且也无肺部疾病——肺病的问题，我们将在下文解释——就表明实际上许多患者反复陷入惊恐和焦虑状态之中。但患者仍然存在心律失常的可能性——尤其是那些偶发性的心律失常，很难在仅持续数秒的心电图检查中被发现。

心律失常可以分为持续存在的"缓慢性心律失常"和偶尔突然发生、通常持续几秒后又自行消失的"快速性心律失常"。缓慢性心律失常的患者往往自己没有意识到罹患该病，而大量快速性心律失常的患者被记录为突然"心悸"或"心动过速"。在这些病例中，心脏节律的脏器性变化时常造成焦虑，这反过来又引发了惊恐发作的其他症状，如出汗、发抖、头晕、呼吸急促、对环境的感知扭曲（现实感丧失）和失控感。因为这些症状发展得极为迅速，所以在实际情况中，患者通常无法区分带来所有症状的诱因究竟是什么，到底是心悸引发了焦虑，还是焦虑导致了心悸。这就是为什么他们会误以为自己经历的是惊恐发作或惊恐障碍。

揭开快速性心律失常真面目的一种方法，是做动态心电图，该项检查能对心脏功能进行24至48小时的连续监测。和常规心电图一样，电极（传感器）贴在患者的胸部和腹部，并与一个记录数据的设备相连。现在这些仪器比手机还要小，可以舒适地挂在腰带或颈环上，藏在衣服下面。此外，也可使用"心脏事件记录仪"，它的功能和动态心电图非常相似。这个仪器记录可对心率进行为期一周的监测，但只记录心律失常时的信息。借助这些诊疗手段，至少增加了给患者确诊的可能性。这些诊断结论仅凭常规诊疗很难得出，但对后续进一步治疗有着重要意义。

然而，也有"正常"的心律失常。例如，呼吸性窦性心律失常，患者的心率会随着吸气和呼气而发生变化。但在体育运动时，或是日常生活中，心脏也可能出现额外的跳动，即所谓的"心脏早搏"。它有时会引起不适，但多数情况下并不危险。此外，训练有素的运动员往往脉搏较慢，即所谓的"心率过缓"。他们的心脏收缩更有力，因而维持血液循环所需的心跳数更少。

肺部疾病

不仅甲状腺功能异常和心律失常可能会加剧惊恐发作，肺部疾病（如哮喘、慢性阻塞性肺病）也可能是诱发惊恐发作的原因。慢性阻塞性肺病是由肺部炎症引起的，常见于吸烟人士或在工作期间接触过大量灰尘或污染物的人。炎症导致呼吸道变窄，从而可能严重阻碍呼吸。

肺部疾病与心律失常的症状类似，只是对于肺病患者而言，心动过速不是焦虑反应的成因，呼吸困难才是。尽管肺部疾病的种类和严重程度不同，但呼吸困难是许多患者长期面临的问题，且在情绪紧张或压力大时，病情可能再次加重，例如恶化为哮喘发作。哮喘发作尤其容易引发惊恐。和快速性心律失常导致或加重的惊恐发作不同，哮喘、慢性阻塞性肺病患者通常对自己的病情有所了解，且知道呼吸困难是惊恐的原因，但这并不一定能减轻患者的痛苦。毕竟焦虑也可能使人无法正常呼吸，甚至极端情况下会令人窒息，这同样令人备受折磨。

不论是心律失常还是所谓的肺部疾病，都应尽可能第一时间到专科医院接受治疗，其次才是考虑对可能存在的焦虑症进行诊治。只有这样才能对生理疾病引发的整体症状做出准确评估，并体现在诊疗方案中。在对一些患者的生理疾病对症下药后，他们的焦虑症状也能有所缓解，恢复到正常范围内，甚至完全消失。

生理疾病可能引发的后果

我们需要知道，相应的生理性疾病不仅能引起惊恐发作、加剧突如其来的焦虑反应，还是诱发恐怖性焦虑的重要因素。因为一些场景也令非焦虑症患者感到心理不适、压力过大，譬如人们身处无法立刻脱身、不能立即获得帮助的环境中，或是处于他人的监视下。通常来说，健康的人能够很好地应对这样的压力，不会出现过度的焦虑反应。然而，诸如与甲状腺功能亢进相关的变化——主要是持续紧张、心跳加快、突然喘不上气——会严重削弱人的抗压能力，在此类环境中产生焦虑反应。通过第一部分所述的焦虑调节机制，这可能会进一步发展成焦虑症。此外，上述快速性心律失常或肺病引发的严重呼吸困难会提高人对压力的敏感程度，可能进一步激活交感神经系统。这也可能会让人们感到恐怖，于是焦虑症就形成了。

上述例子已经表明，焦虑症的确诊靠的是所谓的排除诊断法。也就是说，只有排除了所有症状是由生理疾病引发的或患有"类似"生理疾病的可能性后，才能确诊为焦虑症。只有这样，才能把导致症状的生理因素和心理因素区分开来，对制定最优的诊疗方案也十分重要，因为诊疗方案有时除了心理治疗还有内科治疗，甚至内科治疗排在心理治疗之前。

在诊断和治疗焦虑症之前，务必要排除甲状腺功能异常的可能性，以及在相应诊疗手段的帮助下，评估心律不齐的情况并排除该项病因。如果还有复合其他症状的迹象，诊断是否患有其他生理疾病也是很有必要的，例如神经系统或新陈代谢的疾病可能伴随焦虑的症状

（见表1）。但在实际情况中，这二者引发焦虑的情况远远少于由甲状腺、心脏或肺部疾病引发的，因此本书后续也不做展开说明。

表1 生理疾病伴随焦虑感增加的例子

疾病	其他症状	检查
甲状腺功能亢进	脉搏加速、心悸、出汗、呼吸困难、腹泻、体重降低	血液检查
心律不齐	心脏跳动不规律	心电图或动态心电图
心肌梗死	疼痛，如胸痛或放射性疼痛，不安、呼吸困难、恶心、呕吐、冒汗、乏力	心电图，实验室检查
肺部疾病	呼吸困难、窒息感、疼痛，胸部有紧绷感或压迫感	内科检查、X光检查等
低血糖	脉搏加速、发抖、出汗、头晕、胃痛	血液检查
偏头痛	头痛、视力障碍、身体不适	
多发性硬化	头晕、乏力、身体不适	核磁共振、腰椎穿刺、测定神经传导速度
癫痫	陌生感、出汗、面部潮红、呼吸困难、恶心	脑电图

心理疾病常伴有焦虑

焦虑也是许多心理疾病的典型症状。

精神病

某些特定的感觉、观察或认知会令精神病患者感到焦虑，例如当他们感觉自己正被其他人或组织监视、跟踪时。尽管焦虑症患者也可能感觉自己被他人监视，但他们最担心的是别人发现了他们的不适，或取笑他们尴尬的行为。而精神病患者则认为甚至坚信，别人能够感知他们的想法，"读懂"他们的内心，或者偶尔能对他们施加影响。

根据不同的恐惧对象，精神病患者也被分为不同类型。举个例子，如果一个人害怕旋转，那么他会因旋转而感到非常焦虑。但通常而言，他知道这次旋转与其他大多数旋转一样，都不危险，只是他依然会害怕旋转。相反，患有精神病的人，则坚信自己受到威胁或跟踪，有十足理由感到恐惧。

抑郁症

焦虑也是抑郁症患者的一项重要症状，例如，抑郁症患者担心自己不能应付日常生活，或对未来感到焦虑、担心被过分苛求等等。

躯体形式障碍

患有躯体形式障碍的人，总因担心自己患有某种疾病而感到焦虑。患者感觉躯体出现异常，且感到异常的部位并不固定，经常发生变化，这就是躯体形式障碍。患者害怕自己得了某种特定的生理疾病，或感觉该病正在恶化，这就是疑心病。患有躯体形式疼痛障碍的人，则感到强烈的疼痛，而事实上生理疾病并不足以引发这样的疼痛。除此之外，也有综合出现上述各类症状的躯体形式障碍。此类躯体疼痛也多见于焦虑症，特别是惊恐障碍，但它并不是焦虑的主要成因。

饮食失调症

　　患有饮食失调症的人也可能时常产生焦虑的情绪。厌食症患者则往往伴随着对体重增加的担忧。而暴食症患者除了担心长胖外，还可能对暴饮暴食的后果感到焦虑，例如担心牙釉质受损。

药物引起的精神障碍

　　主要由药物引发的心理疾病，被称作药物引起的精神障碍。患者会在服用药物后立刻感到焦虑，医生认为这是一种中毒现象。

　　如果患者经常摄入药物，那么在断药后也可能出现非常严重的焦虑，专家称之为戒断症状。服用如酒精、苯二氮卓类镇静药物的人常出现戒断症状，但该症状也见于阿片类药物摄入者。

认知障碍与痴呆症

　　焦虑是轻度认知障碍或痴呆症的重要症状，即患者的焦虑也可能是由这些疾病症状所导致的。譬如，患者会因自己健忘感到不安和焦虑，或者认为自己受到了某种威胁。

KEINE
PANIK
VOR DER
ANGST

————————

第三部分
焦虑症的成因

为什么有些人天生焦虑，而对另一些人而言，"焦虑"是一个非常陌生的词语？为什么有的人会惊恐发作，而有的人有特定恐惧症？每个人生来就具有某种倾向性，包括某种焦虑倾向，但并不是每个人都会患上焦虑症。因为形成焦虑症不仅要有一种天生的倾向性，还要有特定的诱因，尤其是压力，但也有学习过程，没有学习过程就不会发展成焦虑症。我们夏里特医院的医生，还有全世界的科学家们，都在研究这些以及其他与焦虑症形成有关的因素。在第三部分中，我们将向您介绍不同学科探究焦虑症成因的最新发现。

当压力遇上敏感

　　过去数十年的科学研究表明，焦虑症的产生是多种因素相互交织的结果。多种增加罹患焦虑症可能性的风险因素起到了重要作用。我们将在下文更加详细地介绍这些风险因素，它们可能是生理变化，可能是当前生活环境的某些方面，也可能与患者自身生理或心理的某些特征有关。但仅有这些因素单独或组合出现，并不足以引发焦虑反应。不过它们让人对压力变得敏感，而压力是产生焦虑的重要原因，且常常也是焦虑障碍持续存在的原因。

　　如果把这些风险因素想象成免疫系统的缺陷，那么这些缺陷本身并不具有致病性。如果有着免疫缺陷的人遭到病毒或细菌的侵袭，那么与免疫系统完好的人相比，他们患上感冒等疾病的速度明显更快，且症状大多也更加严重。

对焦虑症而言，"敏感–压力模型"可以很好地呈现这些风险因素与压力的交织关系，专业术语叫作"易感性–应激模型"（图3）。该模型也适用或基本适用于其他"与压力相关的"心理疾病，比如抑郁症。

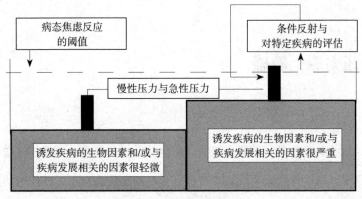

图3　易感性–应激模型

从模型中我们不难看出：风险因素越严重或越多（图3右侧的灰色色块更大，意味着风险因素数量更多），某种程度的压力引发焦虑症状的速度就越快。由此可知，这也是治疗焦虑症的基础，这一点我们将在第四部分进行介绍。该模型还清晰表明，理论上，当压力足够大时，每个人都可能患上焦虑症。风险因素与压力的关系就像跷跷板，为了避免出现焦虑症，既不应该过度增加跷跷板一端风险因素的重量，也不该过度增加跷跷板另一端压力的重量。

心理因素

引发焦虑症状的压力性质可能完全不同。它可能是急性的，比如，当突然得知亲人或朋友身患重病时，或身处之前就感觉非常紧张或不舒服的环境时——空气流通不畅又十分拥挤的地铁，抑或是向领导汇报季度财务情况时。这时患者时常问我们，为什么在对他们来说并不新奇的环境中，他们突然首次出现"惊恐发作"，或是"一次真正的焦虑发作"。我们的回答是，他们可能一直无法真正忍受这样的环境，或他们从儿时起就认为类似的情景会让人感到压力很大。

尽管我们不是每次都能找到一个令人满意的答案，但往往可以明确找出这些"触发焦虑的环境"的具体特征，这些特征让人变得更加敏感，而敏感度的上升又一次加剧了焦虑，从而成为压死骆驼的最后一根稻草。如果我们再仔细研究一下具体情况，就会发现患者可能存在缺觉，以及由此引发的日间疲劳问题。偶尔也有患者反映，他们在前一天晚上参加了一个聚会，喝了太多酒，因此第二天白天感觉有些昏昏沉沉。

除了这些急性压力因素，其中还包括积极的压力因素，如婚礼、孩子出生、升职，持续增大的压力也会最终突破个人压力的阈值，使人们突然出现焦虑的症状。工作压力逐渐增大是这类压力的典型代表：

在流感季节，你不得不接手两位感冒同事的工作，还能应付得过来。但当又有一位同事病倒，同时老板因重要事项向你施压时，你就可能会突然出现焦虑、心悸、出汗、恶心、发抖、失控感、手部与胳膊出现刺痛感等症状。

此外，来到我们医院就诊的患者表示，焦虑障碍还与自己在私人事务中长期感受到的压力有关，例如与伴侣发生冲突、照顾长期患病的家庭成员，都会突然引起焦虑发作或令人忧思过重。

生理因素

除了心理因素，生理因素也可能助长焦虑障碍产生。研究表明，孕妇比常人更易出现惊恐障碍。除了妊娠本身和妊娠带来的生活变化造成的压力外，激素水平的变化（尤其是雌性激素的波动）是出现焦虑症状的重要因素。也有研究证实，孕妇的焦虑症状在分娩后通常会明显好转，甚至完全消失。

另一个诱发焦虑的重要生理因素是炎症。患有长期炎症性疾病的人往往患焦虑症的比例更高，或"焦虑水平更高"。这样的长期炎症包括类风湿性关节炎、多发性硬化、溃疡性结肠炎及克隆氏病。一项研究通过调查多发性硬化患者中枢神经系统中的炎症细胞、炎症活动与其焦虑程度之间的关系，结果发现在消炎治疗取得成效、炎症反应减弱后，焦虑也有所缓解。

生物学的影响

近年来，为了找出哪些生物因素能够增加疾病引发焦虑反应或焦虑症的可能性，科学家研究了许多对正常的焦虑反应来说十分重要的生物系统，其中研究重点是本书第一部分所讲的大脑焦虑网络。实验表明，焦虑症患者的焦虑网络中有多个区域的大小和活动强度与正常人有明显差异。差异既包括多个脑区范围的扩大或缩小，也包括不同脑区功能的亢进或衰弱。如今我们知道，脑部活动的不同对焦虑症的产生有着重要影响。不论是哪种类型的焦虑症，常常存在杏仁体兴奋过度，同时额叶区域兴奋不足的问题。

杏仁体是所谓的"焦虑中心"，形成恐惧的过程，比如经典条件反射和观察学习都在这里发生，有关潜在危险的感觉、印象的信息也汇总到此处。此外，为了清除应激激素皮质醇、信号分子（肾上腺素和去甲肾上腺素），杏仁体还会激活应激轴和交感神经系统。接下来就会出现身体和行为的变化：心跳加速、血管收缩、能量消耗增加，可供消耗的能量也准备充足，这种"隧道视野"让人能够专注于应对危险。

当危险过去时，额叶抑制杏仁体的活动，使得焦虑反应消退；而如果认为有危险，则会令焦虑反应快速结束。

研究表明，患有焦虑障碍的人，他们的杏仁体与额叶相互配合的方式是不一样的：杏仁体过度兴奋，对焦虑的反应过于强烈，就进一步加剧了焦虑。而且与此同时，额叶兴奋不足，所以对焦虑反应的抑制非常微弱甚至完全没有抑制作用，于是这种高度焦虑的状态持续存在。

许多研究都发现，患有焦虑症的人，其焦虑网络的其他区域（如丘脑、海马体和脑岛）发生了活跃度和结构的改变。这些变化可能使得杏仁体接收到的信息不准确，或对信息进行错误的分类，最终导致反应过度。

应激激素皮质醇

焦虑症患者的焦虑中心始终兴奋过度，这或多或少会导致应激轴和植物神经系统的活动越来越活跃。因此，更多的皮质醇、肾上腺素和去甲肾上腺素被释放出来，使得机体持续处于警觉状态，于是不需要很大的压力，就能触发焦虑反应。

为了加深对这种疾病的了解，近数十年来，针对患有不同类型焦虑症患者的应激激素系统和植物神经系统的研究层出不穷。事实上，那些经历过自发性惊恐发作或出现过恐怖性焦虑反应（如恐高、害怕开车或有幽闭恐惧症）的人，血液、尿液和头发中的皮质醇含量往往明显偏高。甚至有一些研究发现，焦虑症患者与健康人不同，除了会出现各类典型的焦虑状态外，体内皮质醇含量都偏高。这也表明，焦虑症可能与"生理警觉状态"长期不正常有关。

◇检测生理变化◇

不论是在正常压力下还是在高压下，皮质醇的含量始终以24小时为周期进行波动：上午含量最高，一直到傍晚都在持续减少，这样人体就能适应白天的压力和夜间的宁静了。

检测皮质醇含量的方法有两种：第一种，**"皮质醇节律实验"**，该实验需要在一天的不同时间点提取样本四到五次；第二种，**"皮质醇唤醒反应"**（CAR），该检测从受试者醒来后就开始连续取样。业已证实，皮质醇唤醒反应能够展现一个人皮质醇水平的全貌，且误差程度与其他检测时间点的误差情况也相符。

原则上，可以从血液、唾液、尿液、头发中测定皮质醇含量。如果想知道皮质醇含量或其在过去一周内的变化，那么可以做头发检测，这种检测也尤为有趣。皮质醇存储在头发中，头发每月约长长一厘米，也就是连续多个月头发长度不同，记录的信息各异。

也可在某一时刻采集的唾液、尿液或血液样本中测定皮质醇的含量。但从前几年起，人们不再使用血液检测的方式，因为采集血液样本需要扎针，而扎针本身就会引起压力，释放皮质醇，从而导致检测数值有误。目前最常见的方法是唾液检测。受测者将棉棒含在口内一到两分钟，唾液将棉棒完全浸湿后，将之放进试管，再放入离心机。离心机会将唾液的不同成分分层，最后在实验室中测定分离出皮质醇的含量。

测定皮质醇含量的方法相对来说并不复杂，想要检测交感神经系统信号分子的难度才高。因为无法对唾液或尿液中的肾上腺素和去甲肾上腺素含量进行连续检测，如果采用血液检测的方法，那么也会经常出现与皮质醇血检相同的问题：扎针造成压力，会使两种信号分子含量都立刻升高，从而导致检测结果呈现"假阳性"。因此，要间接测量交感神经系统的活动情况。通过所谓的替代指标，也能得出需要的数值，这里的替代指标是"心率变异性"（HFV）。该指标用于评估在心理或生理压力下心率变化的能力。对正常焦虑反应来说，心率能够快速提高到必要水平非常重要。只有这样，心脏才能将更多血液泵入血管，从而泵入肌肉、大脑和其他器官，确保我们有充足的能量来应对或逃离危险。

改变心率

心率受神经系统两种"相互拮抗的激素"（肾上腺素和乙酰胆碱的调节）。除了交感神经系统的主要信号分子去甲肾上腺素外，肾上腺素也能提高心率。人们在面临压力或焦虑时，肾上腺素会激增。乙酰胆碱则是副交感神经系统的主要信号分子，可以降低心率。在令人感到压力或焦虑的情景过去后，乙酰胆碱也再次降低心率，这样就可以保护心脏免受交感神经系统的过度刺激。

这种调节心率的方式是与生俱来的，也会根据通过迷走神经到达心脏的乙酰胆碱的含量发生变化。一些人可能更加熟悉"迷走神经过敏"这个术语，它常常与专业的竞技运动员或较为活跃的业余运动员联系在一起。因为这两类人与大众相比，迷走神经往往更加敏感。这是高强度训练的结果。如果迷走神经过敏加剧，那么迷走神经会长时间保持活跃状态，向心脏输送更多的乙酰胆碱。因此，运动员在平静状态下心率相对更低，高强度运动时能"吸入更多空气"，从而提高竞赛时的表现。

如果交感神经系统和副交感神经系统之间的平衡总是向副交感神经系统一方倾斜，那么就会出现另一种情况，即降低心率变异性。如果人处于长期压力下，例如持续、反复出现焦虑症状，就会产生这一情况。近年来的许多研究都得出了相对一致的结论，即该情况尤多见于惊恐障碍、社交性焦虑障碍和广泛性焦虑障碍。这些研究结果也支持了美国亚利桑那州朱利安·塞耶（Julian Thayer）和理查德·莱恩（Richard Lane）两位心理学家提出的"神经内脏整合模型"。该模型认为，进化过程中出现了一种能够帮助人类在危险发生时迅速激活交感神经系统的程序，让人战斗或逃跑。这时为了避免抑制杏仁体的活动，额叶将受到短暂的抑制，直到危险解除。紧接着额叶又恢复其正常工作，从而促使应激反应结束。

然而，人在面临慢性压力时，额叶长期受到抑制。这就会导致杏仁体的活动长期不受抑制或者很容易就变得活跃起来，反过来导致其在一定程度上持续保持活跃状态或者提高交感神经系统的响应速度。然后，形成因中额叶活跃性不足而产生焦虑症的闭环。也可以理解为，在这个过程中，慢性压力不断被"模仿"，因而交感神经系统活跃速度更快或保持活跃的时间更长。这也解释了持续工作或私人事务压力是如何抑制额叶工作，引发焦虑障碍的——真是恶性循环！

检测去甲肾上腺素

还有一项交感神经系统相对较常被检测的替代指标是：消化酶 α-淀粉酶。它存在于人的唾液中，可以用来推测去甲肾上腺素的含量。酶与皮质醇的检测方法相似，用唾液浸湿棉棒的方式轻松测得其含量。这种酶的功能是分解从食物中获得的碳水化合物，为它们被胃肠道吸收做准备。α-淀粉酶是由口腔黏膜上的唾液腺制造并释放的，去甲状腺素会刺激该过程。唾液中 α-淀粉酶的活跃度越高，血液中循环的去甲肾上腺素就越多，交感神经系统就越兴奋。与心率变异性的结果相符，不同焦虑障碍（如社交性焦虑障碍、牙医恐惧症）患者与正常人相比，淀粉酶明显更加活跃。另外患有牙医恐惧症的人，"对钻头的恐惧"也会让淀粉酶更加活跃。

血清素也是发病诱因

由于焦虑网络中存在各种各样的活跃性失常现象，所以导致应激轴和交感神经系统更快速、更强烈，可能同时也更加持久地被激活，这些现象促使或者引发身体出现焦虑症状。但它们是如何导致焦虑网络中发生这些活跃性变化，进而产生诱发焦虑障碍的因素的呢？这就要提到血清素了。正如我们在第一部分所讲的，血清素降低淀粉酶的活跃性，同时提高额叶的活跃程度，使得焦虑网络在被激活后还能"不受阻碍"地再次回归正常状态。

所以，足够的血清素能够降低焦虑是显而易见的。事实上，借助核磁共振成像技术，近些年的研究已充分证明，用药物提高血清素含量能够降低淀粉酶的活跃性，提高额叶的活跃程度（我们将在第四部分详细介绍这些药物），但想要补充缺少的血清素绝非易事。由于存在所谓的"血脑屏障"，血清素既不能服用，也无法到达大脑。"血脑屏障"是指负责脑部供血的血管由结构特殊的细胞构成，特定物质难以通过这些细胞的细胞壁从血液进入大脑。从进化的角度来说，"血脑屏障"意义重大，因为它保护大脑免受有毒物质的侵袭，防止人体的"控制中心"受到影响。但该屏障也有弊端，即阻挡了许多物质的进入，包括血清素。

目前还不清楚焦虑网络功能失调的问题究竟出在哪里。一方面，有迹象表明与血清素受体有关。多项研究显示，各类焦虑障碍患者的某些基因变化的发生率往往高于平均水平，这些变化使得大脑内的血清素受体结构改变，无法与血清素很好地结合。其结果就是血清素活跃度明显降低，最终导致降低或提高杏仁体与额叶活跃性的"命令"

不能被充分执行。

而其他研究却发现，这些基因变化与一种酶的活性升高有关，这种酶有一个拗口的名字：**单胺氧化酶（MAO）**。单胺氧化酶可以分解大脑中的血清素，保护大脑免受血清素急剧增加的影响，因为在极端情况下可能会对神经细胞造成损伤。如果基因编码使得单胺氧化酶过度活跃，则最终会导致血清素不足。

同时我们也知道，慢性压力对色氨酸合成为血清素的过程有抑制作用。从目前的了解的情况来看，可能是压力使得免疫系统发生变化。这时，了解信息较充分的患者总会问我们，需不需要补充色氨酸。事实上，我们早就知道，色氨酸与血清素不同，是可以穿过血脑屏障的。人们可以从许多食物中摄取色氨酸，如可可、坚果、大豆和香蕉，而且它也被制成食品补充剂进行出售。但就我们所知，目前还没有科学研究围绕"色氨酸对焦虑症患者的作用"展开，而迄今为止的动物实验则得出了相互矛盾的结论：大鼠实验中，用富含色氨酸的食物饲喂大鼠，虽然观察到了动物焦虑网络中部分区域的变化，但这对大鼠的焦虑行为并无影响。此外也有迹象表明，摄入过量色氨酸可能导致记忆力降低。如果我们认识到，问题的原因不在于缺乏色氨酸，而可能在于大脑中色氨酸转换为血清素的过程，则很容易得出结论，即**饮食上持续补充色氨酸只能无效增加氨基酸的含量，而无法提高血清素的含量**。因此，我们目前也不推荐将补充氨基酸作为治疗手段，尤其不用于焦虑症的治疗。

遗传因素

虽然目前还无法明确知晓某些基因变化（如上所述）的作用和重要程度，但我们早就知道遗传是焦虑症产生的一个重要因素。在20世纪下半叶，通过所谓的家族研究，我们就已经知道即使家族成员在差异极大的环境中长大，某些疾病在家族内的患病风险也可能相对较高或较低。

双胞胎研究为焦虑症与遗传因素有关提供了更加确凿的证据。这些研究证明：如果同卵双胞胎中的一人患焦虑症，则另一个——与之遗传信息完全相同的人——患该病的概率也大大升高，即使两人长期彼此分离，所处的环境完全不同，学习过程也大相径庭。而这一概率对异卵双胞胎或亲兄弟姐妹而言则较低，因为他们只有大约50%的遗传物质是相同的。

此外还有迹象表明，对一些焦虑症而言，二氧化碳过敏也可能是提高患病可能性的一个风险因素。二氧化碳与氧气作用相反，人体吸入空气中的二氧化碳含量远低于氧气，而正常浓度的二氧化碳对人体无害，会持续在血液中循环。环境空气中的二氧化碳含量发生小幅波动，从而带动血液中的二氧化碳含量产生波动是完全正常的。这首先会激活呼吸中枢，并启动反调节，让碳氧平衡再次向氧气方向移动。这种反调节不仅使得呼吸频率加快，而且还会升高心率与血压。这些变化也是焦虑反应的重要症状，所以二氧化碳过敏也可能导致焦虑反应。

研究发现，患有焦虑障碍和分离焦虑的人比非焦虑症患者对实验制造的血液二氧化碳浓度波动的反应更加迅速，且往往感到明显焦虑。这一发现使得研究人员提出了这样的假设：**基因决定的高二氧化碳敏感性可能也是诱发焦虑障碍的风险因素**。

生活经历和性格是影响焦虑的重要因素

除了生物学原因外，生活经历和性格也是影响人在压力下产生焦虑障碍的重要因素，但不能完全将这些因素从生物学中剥离来看。它们会对人的生物学特征产生影响，或反过来被生物学特征所影响。

生活经历

从大量研究中我们可以发现，艰难和压抑的生活环境会促进焦虑症发生。这既包括生理疾病，也包括长期存在的经济困难或工作困境；丧偶或离婚的人患病风险也更高；童年的不良经历（如精神虐待、身体虐待或暴力）也会增加患病概率。甚至据我们目前所知，一些看起来相对平平无奇的生活方式（如规律性饮酒、吸烟），也会提高患病风险。

此外，通常所说的认知因素和发展心理学因素对焦虑症的产生也有着重要作用。这里的"认知因素"是外部影响和刺激所引发的感受与评估的统称。人们可以从个人成长（尤其是早年儿童时期的成长）中获得这种因素，例如从个人"不良的"经历中获得，或者从照顾者的感受与评估中迁移而来。如果照顾孩子的人认为杯子是"半空"的，那么孩子就几乎不会认为杯子是"半满"的。这可能是遗传因素决定的。下面这些是已被证实与引发焦虑有关的因素：

●**焦虑敏感性**：由交感神经活跃引发的焦虑症状，症状包括心跳加快、出汗、头晕和呼吸急促。焦虑敏感性高的人更容易感觉这些症状是危险的，且感到压力。

●**对不确定性的容忍度**：指一个人能在多大程度上自如地应对模棱两可的观点或难以预判的未来。比如，一个对不确定性容忍度较低的人在公司工作了30年，只负责发送邮件，而晚上他得知从明天起要暂时接手接收邮件的工作，那么他将在巨大的压力下度过这个夜晚，因为他不知道即将面对的是什么。

●**行为抑制**：指应对引发焦虑的刺激时，产生社交退缩的倾向。行为抑制严重的人相对更加不愿面对风险，对他们来说，快速独立做出决定是非常艰难的。

●**知觉控制**：个体在多大程度上主观相信自己能否对环境和事件进行控制。"只要我想，我能处理好所有问题"和"我任由命运摆布"是知觉控制的两种极端认知。知觉控制越弱，患惊恐障碍、广泛性焦虑障碍或社交恐惧症的风险就越高。

和认知因素相比，发展心理学因素指的是更加复杂的学习过程。虽然发展心理学因素也是长期形成的，但情感对它的影响更大。除了某些性格特征，"不安全依恋"也对之有重要影响。依恋理论主要由英国儿童精神病专家约翰·鲍比（John Bowlby）和美国心理学家玛丽·爱因斯沃斯（Mary Ainsworth）提出。该理论认为，为了保障自己的基本需求（如安全、保障和受到保护）得到满足，每个人都会自动与照顾自己的人建立情感联系。

照顾者（母亲、父亲、祖父母、朋友、幼儿园的保育员等）如何回应孩子建立情感联系的信号，会从根本上影响孩子建立自我形象，形成对他人的看法，以及理解人与人是如何交流和互动的。因此，有同理心、能够识别孩子发出的信号并做出回应的照顾者，有助于孩子（"信号发送者"）感受到自己是值得被爱的、能影响他人，照顾者（"信号接受者"）是值得信赖、关爱自己的。如此就可以建立安全性依恋。这种依恋模式能够建立自信，降低或至少不再升高对压力的敏感程度。

如果孩子表达的需求没有被识别到，而是被忽略或对这些需求的回应前后不一致、随意性强，那么情况就不同了。这可能会导致孩子认为照顾者是不值得信任的、不可靠的，孩子可能认为自己是无能的、无用的。在这种情况下，形成"不安全依恋"的风险就上升了，这种依恋模式常常会导致孩子自信心下降，对压力的敏感度更高。然而现在人们知道，依恋模式的形成虽然始于儿童时期，但并不一定在这一时期就结束。青春期或成年后与伴侣或朋友之间的关系也可能对依恋模式持续产生影响。与此同时，许多研究证明，不安全依恋是社交焦虑障碍和分离焦虑的主要风险因素。这与观察到的情况相吻合：患者即使未处于引发焦虑的具体场景中，也往往自信心不足。

性格的影响

在焦虑症的成因中，除了个人经历，性格也是一个重要因素。因为某些性格特征可能提高人对压力的敏感性，这就致使出现焦虑障碍的可能性升高。在刻画人的性格领域，最佳的研究成果是"大五人格模型"。该模型由美国心理学家路易斯·L. 瑟斯顿（Louis L. Thurstone）、戈登·奥尔波特（Gordon Allport）和亨利·S. 奥德伯特

（Henry S. Odbert）在20世纪30年代首次提出，后被其他科学家进一步发展丰富。如今，"大五"指的是外倾性、开放性、宜人性、责任性和神经质性。

●**外倾性**：外倾性是一种合群、精力充沛、乐于交际、能够激励他人且能够掌控局面的性格特征。外倾性较弱的人，内倾性更强，更为内向，因此他们更倾向于安静，常常生活在自己的世界里。

●**开放性**：开放性高的人不仅对新事物有着开放、包容的心态，同时研究还发现，他们对未知充满好奇，想象力丰富，喜欢追求变化。与开放性相反的是封闭性——这样的人往往更想保持传统惯例，避免发生改变，喜欢可以预知的事物。

●**宜人性**：宜人性高的人对他人非常友好，乐于助人，喜欢和谐的氛围，是天生的团队协作者，总是善于倾听。宜人性低的人则具有"敌对性"，其特点是不信任、爱争吵、好竞争、对话意愿低。

●**责任性**：责任性强的人，喜爱且擅长做规划，很少率性而为，所以他们总是井井有条。这种人往往上进、勤奋、自律、对成绩有很高的要求，而且对他人也有着类似的期待。责任性弱的人对许多事都马马虎虎，常常被认为是不可靠的或不负责任的。他们的个人目标往往也瞬息万变，过着随遇而安的生活。

●**神经质性**：神经质性强的人通常会感到焦虑、消极、紧张，尤其会对负面事件做出强烈情绪化反应。因此，神经质性强的人总是"忙得不可开交"，会在冲突中迅速将错误归咎于自己，而且对日常事务感到忧心忡忡。而神经质性弱的人则自信、洒脱、执行力强，确信自己可以处理好矛盾冲突，能与自己平静相处且对未来更加乐观积极——对他们来说，杯子不是"半空的"，而是"半满的"。

人的性格特征可以用"滑尺"形象地呈现出来（图4）。每把尺子对一项性格维度进行量化，尺子的两端是该维度的极端；每把尺子上"小球"的位置标明了人在该项性格维度上的水平。因此每个人滑尺小球的位置都不尽相同，这也刻画出了他们各自的性格特征。

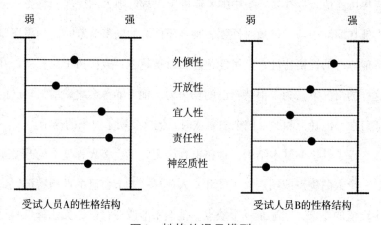

图4　性格的滑尺模型

　　事实上，很少有人会长时间保持在某个性格维度的极端点上，比如始终完全开放或敌意极强。绝大多数人在各个维度的中间位置或多或少来回波动，而且如果环境需要，他们也会有意识地稍微改变自己某一维度的强弱程度。举个例子：如果一个人的责任性很强，那么在工作中他往往是深受赏识的员工，因为他能很好地掌控工作进度，从而非常准确、可靠地完成任务。如果工作量增加，例如收到大订单或一位同事生病了，那么他也会适当减弱自己的责任性，暂时降低自己要完美处理好所有事情的掌控需求和雄心壮志，确保做完这些总量更大的工作。而当订单完成或同事返岗，他也会重新回到自己过往的状态。

　　再举一个例子：一个宜人性非常强的人，追求人际关系和谐，想要尽可能地减少社交环境中的矛盾冲突，理解他人的想法和感受。但当他在职场中与一位敌对性强、神经质性弱的同事竞争时，如果还坚持他原有的性格特征，则可能很容易就被超越，或排挤出局。所以在这样的情况下，为了保持自己的竞争力，他可能也会略微增强自己的敌对性。但晚上和朋友们把酒言欢时，他又变回了原来的样子。

除了性格的基本结构，性格能在必要时发生多大程度上的改变也是一个人的优点或缺点。不能和常人一样，调节自己的性格特征以适应环境的要求，明显是一个缺点。他们不能改变自己，无法降低自己的掌控需求而完成更多的工作，无法提高自己的敌对性并将之限制在合理范围内，从而确保自己的正当利益不受损害。这些自我调整方面的困难，早晚会使人的压力水平明显升高，"易感性–应激模型"认为这反过来会促使出现焦虑症。

迄今为止，该领域的研究表明，神经性和责任性强且难以降低、外倾性弱，以及与这些维度相关的个人性格特征，可能会增加患焦虑症的风险。该研究结果与惊恐障碍、广泛性焦虑障碍、广场恐惧症和社交焦虑障碍患者的性格特点尤为相符。

生物学与心理学相互交织

为什么性格能让一些人比其他人更好地适应变化和环境，还未有定论。该领域的研究结果显示，这并不是单一原因造成的，往往与心理和生理条件都有关系，有时也可能受其他因素的影响更大。很早以前就已证明，前文所述的依恋模式对性格的形成有着重要意义。不安全依恋既会极大影响个别性格维度（如控制需求强、严重悲观），也会致使人应变的灵活性较差。

在其他方面也是如此，生理因素和心理因素并非彼此对立，而是相互交织。现在我们知道，在引发焦虑的过程中，除了一些心理因素，生理因素也参与其中。我们工作团队前不久参与的一项研究显示，患有惊恐障碍的人与神经质性高但无惊恐障碍的人的基因发生了相同的变化。焦虑症的一个风险因素就与这种基因改变有关。实验证明，这一基因变化及由此引发的细节尚不清楚的生理变化，结合特定生活经历，可能会让人变得更加"神经质"；它也会让压力敏感性高的人在面对压力时更快地患上焦虑症。因为有确凿证据表明，基因也会在一定程度上影响性格的发展。

从焦虑反应到焦虑症

上述生理因素、生活经历因素和发展心理学因素能让人在面对压力时出现病态的焦虑反应，从而发展成焦虑症。而焦虑症的持续存在离不开条件反射和学习过程，即经典条件反射、操作性条件反射和观察学习，它们对任何一种正常焦虑都有着重要作用。这些我们已在第一部分做过介绍。但我们还知道，与正常人相比，焦虑症患者进行这些学习的程度更深，也更难修正——不论是自我修正，还是借助外部帮助进行修正。

经典条件反射

有关经典条件反射的研究表明，焦虑症患者既能更快学会焦虑有关的内容，也能更快地将之迁移，泛化到其他类似的情境中去。结合第一部分的例子，这意味着带有生理或心理风险要素的人与无相应风险要素的人相比，能更快地将对A市X塔的恐惧迁移到对X市A塔的恐惧，也能更持久地泛化到对其他高处的恐惧。目前，这被视作焦虑症的一个重要问题。这或许与杏仁体过度活跃有关，因为它是进行与焦虑有关的学习的关键脑部结构。

观察学习

围绕观察学习与焦虑症之间的关系展开的研究尚且较少，但已有研究表明，与焦虑相关的信息也会更快、更牢固地被记录在焦虑记忆中。

"高强度的观察学习"似乎是产生分离焦虑的重要因素。有假设认为，父母的育儿方式对儿童产生持续的分离焦虑有很大影响。如果父母过度保护、控制孩子，那么孩子就会认为"世界是不安全的，独处意味着危险"。

操作性条件反射

操作性条件反射和焦虑的二阶段模型已在前文做过介绍，二者是恐惧症和惊恐障碍持续发作的重要原因。患者更快、更高强度地学习了焦虑后，还会避免接触触发恐惧的诱因，从而使得该学习过程持续进行。

恐惧症患者应避免接触任何可能引发恐惧的场景，比如桥、公共交通工具、航空旅行、厢式电梯、人群，以及可能有可怕的蜘蛛或狗的房间。

环境不是诱发惊恐障碍的因素，令人想起惊恐或能够引发惊恐的身体症状才是，比如心跳加速、头晕、出汗或呼吸困难。这会导致患者越来越将自己包裹起来，不再进行体育运动，不爬楼梯，或者天气温暖也不出门。

目前的研究发现，操作性条件反射的机制也会使分离焦虑的症状持续存在。通过观察学习，孩子会增加对世界的恐惧。如此一来，分离场景（比如进入幼儿园、第一次在朋友家过夜等等）就会造成严重的焦虑反应。为了结束或者避免这样的焦虑反应，孩子只好在分离发生时使之尽快结束，或者根本不允许分离发生，因此孩子会非常依赖父母。如果在父母的过度保护下，孩子直接或间接确认有感到焦虑的理由（"你可能还做不成""如果你在那感觉不好，我立刻去接你"），那么就一定会感到焦虑，且焦虑感越来越强。由于焦虑强度不同，这种学习机制可能会一直延续到成年期，但也可能在成年之后才开始。那时，"提供保护"的照顾者不仅有父母，还有伴侣、孩子或兄弟姐妹。

复杂的学习模型

为了解释社交性焦虑障碍和广泛性焦虑障碍持续存在的原因，科学家们提出了复杂的模型。在首次学习了焦虑后，社交性焦虑障碍患者在引发焦虑的场景出现之前、当中和之后都有特定的认知过程，对场景的评估会在很大程度上影响这些过程。所以，在引发焦虑的场景出现之前，患者会出现回避行为，即避免面对即将出现的情况。他们几乎不可能理智地做好应对这些情况的准备，想不出有效的应对策略。场景出现时，患者会进行深刻的自我反省，对自己和自己的表现过分苛责。这一过程大概是按照这种模式进行的："我又开始咬手指、冒汗了！哦不，所有人都看到我极度激动不安的样子了！"或者是"我为什么现在就是想不起这个细节？所有人都会知道我们没有尽百分之百的努力准备这场考试。他们会怎么看待我？"他们大多会将整个场景进行细密的"拆解"，并进行过于严格的分析。听起来像是这样："我回答第三个问题时略有迟疑，回答第六题时有些语无伦次。穆勒教授会认为我没有做好充分的准备，他肯定觉得我很笨——他让我及格，肯定也是给的同情分。"因为自我反省是扭曲的，所以对场景的评估也是负面的，这会加剧焦虑的严重程度。所以，在下次面对引发焦虑的场景时，患者依然会感到无助，力求避免。

目前还没有具体的、已被证实能够解释选择性缄默症的模型，但社会评价对该病也有重要影响。可以猜测，该病与社会性焦虑障碍有着类似的成因。

解释广泛性社交障碍的理论有很多。其中较为重要的一个是与焦虑的二阶段模型相对应的条件反射。该理论认为，焦虑主要是为了避免或压制紧张的想法和情绪。例如，一个人因为在情感上无法接受他自己或者身边的某个人可能会罹患疾病、遭遇不测，就开始对这些问题感到担心。这会让他进行自我暗示，"担心就是预防"，他会认真思考所有可能发生的情况，并最大限度降低情况发生的风险。事实上，这只是一种"伪预防"，因为我们从来都不可能提前预知所有危险和风险。这是广泛性焦虑障碍患者潜意识里也知道的事，所以他们按照"多多益善"原则更加忧虑了，甚至"担忧到了极点，无法控制"的程度。他们无法妥善处理好自己的情绪，并更加坚信："如果我停止担忧，那么糟糕的事情就会发生。"

另一个理论与上述第一个理论有着密切的关系，认为患有广泛性焦虑障碍的人对不确定性的容忍度过低，很难容忍模棱两可的观点。但他们开始忧虑时，就会产生一种掌控感——然而这种掌控实际上并不存在。

近年来，一个新的理论引发人们的关注：广泛性焦虑障碍的元认知模型。该理论由英国心理学家阿德里安·威尔斯（Adrian Wells）开创。在该理论的指导下，出现了一种非常有效的治疗广泛性焦虑障碍的心理疗法，我们将在第四部分讲解这一疗法。元认知模型表明，元认知对广泛性焦虑障碍的产生和持续起到了重要作用，元认知即人对特定内心活动或思维过程（如担忧）的评估。广泛性焦虑障碍对担忧的典型评估是"担忧或者持续的忧思能够保护我，因为这更能让我做好应对危险的准备，或避免危险""担忧帮我找到解决问题的答案"；但也有"我无法控制我的担忧"或者"对我来说担忧是危险的，因为它破坏我的心情，让我无法入眠"。前两种评价属于"积极元认知"，因为担忧的结果是积极的：保护和帮助解决问题。后两种评价则属于"消极元认知"，因为担忧被认为是危险的，可能导致沮丧或失眠。

积极元认知和消极元认知会引发对担忧的担忧（"二型担忧"）。患者可能会忙于减轻真正的担忧，也就是"一型担忧"，从而担心"我可能生病了""我的家人可能遭遇意外""我可能会失业"。另一方面，患者又感到担心，因为他们放下担忧的同时也放弃了保护措施（积极元认知），或担忧对他们的心理或身体造成了中长期的伤害（消极元认知）。

无论是哪种担忧，我们都可以看出患者这种担忧陷入了不断升级的恶性循环之中，而这种恶性循环给患者带来的压力和损害也越来越严重。所以，广泛性社交障碍的元认知疗法并不将治疗重点放在担忧的具体内容上，比如疾病、社交困难或是令人害怕的意外事故，而是关注人对担忧持怎样的看法，以及赋予担忧什么样的意义，并尝试改变这些想法。这些内容我们将在第四部分详述。

元认知模型可能一开始有些难懂，有时专家也觉得不好解释。但该模型可以让我们理解广泛性社交障碍的"深层逻辑"，即对这种疾病而言，重要的不是人们在"想什么"，而是"怎么想"。所以，您可以静下心来，反复阅读本节两三遍，就会对该模型形成更加深刻的认识。

综上所述，根据目前的研究，生理因素、生活经历因素和心理因素都能增加人们在面对压力时出现焦虑反应的风险。各种各样的学习过程使得焦虑障碍不断发展、持续存在，从而改变人的思考和行为方式，"易感性-应激模型"表明这会增加各种症状持续存在的可能性（图5）。

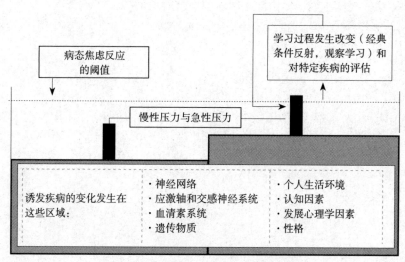

图5 焦虑的特殊"易感性–应激模型"

KEINE
PANIK
VOR DER
ANGST

———————

第四部分
如何治疗焦虑症

如果不对焦虑症进行治疗，那它就可能长期存在，患者的症状会越来越严重，生活也愈加受到阻碍。一些人只是偶尔发病，两次发病之间这段或长或短的时间里是没有症状的。只有少部分人在发病后一年内完全不复发。如果不进行治疗，那么最坏的情况是可能发展出其他心理疾病，比如抑郁症；还可能遭受其他困扰，比如酒精、药物、毒品滥用或依赖。研究证实，治疗焦虑症的有效方法是存在的，已在临床上使用多年，且不断更新迭代。心理疗法和药物疗法基本对所有类型的焦虑症都有疗效。当前，德国的诊疗指南原则上认为心理疗法和药物疗法的地位是平等的。临床上，出于多种原因，我们常常尽可能将两种疗法相互结合，因为它们的疗效既不相互拮抗，也不彼此妨碍。

注意：本部分介绍的心理疗法和药物疗法均需在专业人士的指导下进行，读者不能擅自实施。——编者注

不同的疗法

　　我们焦虑障碍门诊处理焦虑症的方式与其他绝大多数同行的方法相同，通常也是采用分级诊疗方案。只要有可能，我们常为患者提供的心理疗法是**认知行为疗法**，它是治疗焦虑症的首选方案。您将在后文中更详细地了解这种疗法。原则上，心理疗法（尤其是认知行为疗法）与药物疗法相比，具有能够给予患者更高**自我效能感**的优点。为了发挥这一优点，心理治疗师教给患者不同的方法，让他们能够独立重新学习业已习得的焦虑。您可以将这各种方法的集合想象成一个工具箱，针对各类焦虑症的产生要素，箱内有合适的工具对之进行修理。重要的是，患者不仅需要学习这些方法，而且为了确保能将心理疗法运用到他们的个人生活中去，还要练习这些方法，并检查是否能够正确运用。所以理想情况下，疗程结束时，患者的症状可能有所减轻且保持稳定，并且患者需要具备当焦虑再度来袭时，能做出积极、有效的应对的能力。药物疗法很难保证达到这种程度的自我效能感，也就难以保障疗效在治疗结束后依然能够延续。因为自我效能感是一种期待，希望能够通过个人努力成功克服焦虑。它对克服困难起着重要作用，也对战胜心理疾病至关重要。

在这些情况中，药物疗法功效显著

药物疗法也有我们可以利用的其他优点。它比心理疗法起效更快。如果你发现心理疗法是为了改变人数十年来根深蒂固的学习过程，那么这一点就很好理解了。所以，心理疗法让患者能够在日常生活中重新学习焦虑，实现治疗成功，大多持续数月，有时甚至是好几年。而药物疗法则大多在几周内就能引起患者生物学上的变化，减轻症状。但我们也经常看到一些患者症状太过严重，深受病症的折磨，以至于不能将充足的注意力集中在心理疗法的内容上，无法参与心理疗法。面对这种情况时，就需要用药物缓解一下症状，从而为实施心理疗法创造可能性。当药物将症状减轻到患者可以接受心理治疗，且心理疗法的效果也能迁移到日常生活中时，就可以逐步减少用药，多数情况下可以完全停药。最理想的情况是，在心理治疗过程中逐步减药甚至停药，从而仅靠心理疗法就能实现症状改善。

此外，也存在由于既往身体疾病而无法接受心理疗法的患者，这种情况尤见于暴露疗法——认知行为疗法最重要、最有效的方式之一。但由于暴露疗法会引发压力，所以不适用于患有严重心血管系统、肺部、新陈代谢或中央神经系统疾病的患者，这时药物疗法就成了首选。另外还有一些患者，运用心理疗法却始终不起作用，或在听取医生详细介绍了两种疗法后，更愿接受药物治疗。这些先前治疗的情况和患者自身对某种疗法的倾向，都是医生制定治疗方案时需要考虑的内容。

最后，门诊心理治疗师接诊因心理疾病来寻求帮助的患者人数日益增多，在医生人手不足无法运用心理疗法时，药物疗法是唯一一种可以快速运用的治疗方式。而且，城乡还存在明显的差距：在大城市里，想要找到能够进行心理治疗的诊室平均只需几周时间，而在农村则往往可能要等上几个月，甚至几年——最严重的是可能附近根本就没有提供心理治疗的场所。在这样的现实背景下，药物疗法至少让暂时预约不到心理诊室的人也能得到治疗。

个性化的治疗方案

在夏里特医院的焦虑障碍门诊，我们尽最大可能为每一位来问诊的患者制定出适合他们自身情况的焦虑症治疗方案。制定方案时，患者的期望、能接受的治疗方式和生活实际情况都是我们需要考虑的因素。确定治疗方案的基础和准绳是疗法的有效性和安全性已被科学研究证实，且鉴于其临床实用性已被收录在诊疗指南中。但除此之外，只要患者感觉对他适用，或者觉得对改善他的症状有所帮助，还有许多可供选择的治疗方式。如果对治疗效果有利，且我们也不认为是在用高深晦涩的治疗手段或"保证治好"的承诺忽悠患者掏钱，我们都会看看能否或者如何把一些同样对症的其他治疗方式加入到治疗方案中去。

本节我们将首先对符合诊疗指南的焦虑症药物疗法和心理疗法做更加详细的解释，然后再介绍近年来焦虑症治疗领域取得的最新进展。夏里特医院科研团队的研究重点是体育运动治疗焦虑症的潜力有多大，因为它的确有一定的效果。

在接下来的几个章节中，我们假定本书的读者患有焦虑症或认识焦虑症患者，所以在给出具体建议时，我们会反复使用"您"这个称呼。直接采用这样的称呼，是为了强调我们的论述得到了科学研究和日常诊疗实践的验证，恳请其他读者不要因此产生不悦。

药物疗法

1962年，两位美国精神病科医生唐纳德·克莱因（Donald Klein）和麦克斯·芬克（Max Fink）发现，治疗抑郁症的丙咪嗪也能降低惊恐发作的强度和频率。这一发现标志着开始用现代抗精神病药物治疗焦虑症，也为当前焦虑症的分类奠定了基础。在此之前，病态的极度焦虑被视作一种独立的疾病，仅用镇静剂甚至是用于治疗精神分裂症的药物加以治疗，但收效甚微。

丙咪嗪（商标名Tofranil®）因其化学结构特征，被称为三环类抗抑郁药。我们主要通过动物实验得知，丙咪嗪提高了大脑中血清素、去甲肾上腺素的浓度，也能少量增加多巴胺的含量。所以，早前就有人推测，焦虑症的出现一定至少与一种信号分子含量的改变有关——这比人们发现焦虑主要与血清素的浓度和作用密切相关早了好多年

（这一点我们在第三部分中已有论述）。

在这里我们想强调：抗抑郁药是不会令人上瘾的！任何种类的抗抑郁药都不会！之所以要在这里明确这一点，是因为来我们诊室的患者总是表示对药物成瘾担心。这是由于他们混淆了抗抑郁药物和镇静剂——后者我们将在下文探讨。

抗抑郁药物也可对抗焦虑

随着时间的推移，其他三环类抗抑郁药物也被陆续研发出来，其中一些至今仍在使用，比如氯米帕明（如Anafranil®）、阿米替林（如Saroten®）、 三甲丙咪嗪（如Stangyl®）、 奥匹哌醇（如Insidon®）和去甲阿米替林（如Nortrilen®）。 从20世纪80年代起，5-羟色胺再摄取抑制剂（SSRI）、选择性5-羟色胺与去甲肾上腺素再摄取抑制剂（SSNRI）和"第二代抗抑郁药"相继上市。如今在德国能够买到的药物有： 西酞普兰（如Cipramil®）、艾司西酞普兰（如Cipralex®）、氟西汀（如Fluxet®）、氟伏沙明（如Fevarin®）、帕罗西汀（如Seroxat®）、舍曲林（如Zoloft®）、六种5-羟色胺再摄取抑制剂、文拉法辛（如Trevilor®）、度洛西汀（如Cymbalta®）、米那普仑（如Milnaneurax®）和三种选择性5-羟色胺与去甲肾上腺素再摄取抑制剂。研究发现，许多5-羟色胺再摄取抑制剂和5-羟色胺去甲肾上腺素再摄取抑制剂不仅有抗抑郁的作用，也对治疗各种焦虑症有明显疗效，至少与迄今为止最常用于抗焦虑的三环类抗抑郁药物（如氯米帕明、丙咪嗪）的效果旗鼓相当，但5-羟色胺再摄取抑制剂和选择性5-羟色胺与去甲肾上腺素再摄取抑制剂的优势明显。和三环类抗抑郁药物相比，其副作用明显更少，患者普遍更耐受，尤其是对老年患者、叠加了其他疾病的患者和孕妇而言。下文有更多这方面的内容。

目前，德国联邦药品与医疗器械机构（德国负责药品审批的最高机构）已批准绝大多数5-羟色胺再摄取抑制剂和去甲肾上腺素再摄取抑制剂类别的药品上市。根据德国诊疗指南和国际诊疗指南，这些药品都是治疗惊恐障碍或广场恐惧症、广泛性焦虑障碍和社交性焦虑障碍的首选药。但抗抑郁药对特定恐惧症、成年人的分离焦虑和选择性缄默症的治疗效果，还未出现说服力强的研究结果，因此心理疗法是治疗这些焦虑症的首选方式，我们还将在下一章节做更详细的介绍。

虽然三环类抗抑郁药和选择性5-羟色胺与去甲肾上腺素再摄取抑制剂的区别主要在于副作用不同，但第一代和第二代抗抑郁药的作用机制是相同的，选择性5-羟色胺与去甲肾上腺素再摄取抑制剂实际上就是第二代抗抑郁药。可能这一时有些难以理解，尤其是头一次接触这些内容时，所以我们在文字之余也用图表的形式进行描绘，以便您逐步理解下面的内容（图6）。

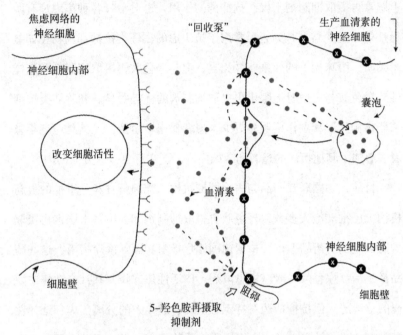

图6　抗抑郁药如何对焦虑网络的神经元起作用

　　我们以血清素为例来看这个原理，去甲肾上腺素也是类似的。这
里有必要回顾一下第一部分，我们知道了信号分子血清素能让焦虑网
络中最重要的两个组成部分杏仁体和额叶重新回到"正常状态"。为
此血清素会与细胞表面的血清素受体结合，触发细胞内的连锁反应。
大脑内生产血清素的神经细胞制造出血清素（图6右侧），这些细胞
紧挨着焦虑网络。血清素在神经细胞的小泡，即囊泡中形成。然后，
这些囊泡借助自身结构向细胞壁的方向移动。到达细胞壁后囊泡膜打

开，与细胞膜"相融合"，从而将血清素释放到脑部神经细胞之间，即充满组织液的"突触间隙"。血清素一经释放，就向焦虑网络的神经细胞"游去"（图6左侧），并与那里的血清素受体结合。

现在到了最重要的一个环节：为了处理没有与血清素受体相结合、留在突触间隙内的血清素，人体进化出了一种"回收机制"。该机制让游离的血清素通过所谓的"回收泵"再次回到生产血清素的神经细胞中。回收泵是一种位于生产血清素的神经细胞细胞壁上的蛋白质，负责将细胞外的血清素运入细胞内。随后，这些被回收来的血清素再次被运向细胞内的囊泡。囊泡捕获这些血清素，并把它们和新生产的血清素一同再次释放到细胞外部。这种机制有着非常明显的生物学和进化学优点：生产信号分子。和人体内的其他过程一样，生产信号分子要消耗不少能量。而这种对信号分子的"回收再利用"的机制，能够明显降低能量消耗，有利于保持能量消耗平衡。

三环类抗抑郁药和选择性5-羟色胺与去甲肾上腺素再摄取抑制剂正是作用于这一回收机制，即阻碍血清素的回收过程。药物对回收泵起到抑制作用，使其"暂时"关闭。其结果是，至少在一段时间内，血清素不会被回收泵回收，而是继续游离在突触间隙中。与此同时，囊泡仍在不断释放新的血清素，从而达到逐渐升高血清素浓度的目的。这就使得更多的血清素与焦虑网络上的神经受体相结合，所以被占用的受体就越来越多，更好地传导了"血清素信号"，从而让发生在焦虑网络的细胞内、让神经活动回归正常的反应得到加强。也就是说，药物疗法直接解决生理上真正引发病态焦虑反应的问题。

可以用来治疗社会性焦虑障碍的药物除了一些选择性5-羟色胺与去甲肾上腺素再摄取抑制剂外，也有原本为抗抑郁药的吗氯贝胺（如Aurorix®）和单胺氧化酶抑制剂（MAOI）。您还记得第三部分吗？单胺氧化酶（MAO）的功能是清除大脑中的血清素以及其他信号分子，如去甲肾上腺素、多巴胺。单胺氧化酶抑制剂也会使信号分子增多，只是与选择性5-羟色胺与去甲肾上腺素再摄取抑制剂和三环类抗抑郁药的作用机制不同。一些研究表明，吗氯贝胺能有效治疗社会性焦虑障碍。但这种药物临床上已很少使用，几乎被淘汰。不过根据诊疗指南，专家们达成共识：如果选择性5-羟色胺与去甲肾上腺素再摄取抑制剂对缓解患者的社会性焦虑症状始终无效，则可以使用吗氯贝氨。

关注副作用

虽然三环类抗抑郁药与选择性5-羟色胺与去甲肾上腺素再摄取抑制剂的作用原理相同，研究也表明二者效果相当，但正如已提及的那样，用药选择上也存在一种"更新换代"。这主要因为三环类抗抑郁药的副作用非常多，且一般摄入剂量越大，副作用就越明显。这在临床上往往限制了治疗效果。考虑到药物的副作用，根本不可能让患者摄入能达到理想疗效的剂量，或者患者能够承受的用药时长很短，甚至根本不耐受。

三环类抗抑郁药之所以有副作用，主要由于在提高血清素浓度的同时，也抑制了乙酰胆碱发挥作用。您或许还记得，我们在第二部分中讲解过，乙酰胆碱是副交感神经系统的主要信号分子。乙酰胆碱作用于许多部位，如心脏、肌肉、大脑和腺体，所以三环类抗抑郁药的副作用也相应地"广泛"分布于全身。因此，摄入大剂量的三环类抗抑郁药主要会导致心动过速、口干、记忆混乱、视力模糊、排尿困难和便秘。

三环类抗抑郁药最大的副作用是可能对乙酰胆碱及其他信号分子产生阻碍作用，从而导致心律失常、精神错乱、头晕和低血压。因此，三环类抗抑郁药尤其不可给患有严重基础性疾病的老年人使用。但非风险人群也可能出现副作用，有时甚至不得已必须停止服药，例如出现严重疲劳、性功能障碍和体重明显增长的患者不得不停药。

就可能出现的副作用而言，选择性5-羟色胺与去甲肾上腺素再摄取抑制剂比三环类抗抑郁药明显更好，这体现在以下三个方面：

❶该类抑制剂的副作用更轻，对患者健康的影响较小。

❷在所有服用该类抑制剂的患者中，只有30%的患者出

现了副作用。

❸绝大多数情况下，副作用仅在服药初期有所显现，基本上一两周内就会自行消退。

特别在治疗初期，选择性5-羟色胺与去甲肾上腺素再摄取抑制剂可能导致不安，让人感觉焦虑的症状更加严重了，但这种感觉只是暂时的。芭芭拉·施密特（Barbara Schmidt）在有关"她自己的"广泛性焦虑的报告中写道：这也可能是因为多次药物治疗效果不佳的经历，在改用选择性5-羟色胺与去甲肾上腺素再摄取抑制剂治疗的初期，给患者带来了负面情绪。这种"首剂效应"与什么有关，我们还不得而知。但据猜测，这可能与受体的重新排列有关，这些受体能帮助提高焦虑网络中血清素的含量。"用药初期病情恶化"的情况大多在10至14天后自行消失，而且对绝大多数患者来说，只要充分了解了这些副作用是无害的，也是可以接受的。这就是为什么医生不能不向患者做充分解释就开药，也不能让患者服用未加检验的药品。如果医生只是递给您一包药，请您一定向医生询问清楚药品的相关信息。您的医生一般非常愿意给出详细的用药建议，而且这也是法律规定他们必须履行的义务。

然而，虽然疗效好、患者耐受性高，但选择性5-羟色胺与去甲肾上腺素再摄取抑制剂也不是完全没有中长期的副作用。长期服药，一定会出现性功能障碍，表现形式可能是性欲丧失、高潮障碍、勃起或射精困难。科学研究表明，性功能障碍会导致生活质量显著降低。所以，除了体重增加和严重疲劳等副作用，这也是患者在医生不知晓的情况下自行停药的最常见原因。尤其当这些药品的效果（如降低焦虑）并不显著时，患者常常纠结是否要服用这些药物。如果他们认识医生的时间不长，往往更不愿或不能和医生坦诚地探讨这些私密话题。以下这段话既适用于上述情况，也适用于其他副作用——

请牢记这条您可能已经从电视广告中听说过，也是医生曾给您提过的建议：

希望您克服这些心理，和您的医生探讨相关病情，通常都是能找到解决办法的！例如：换另一种副作用更小的药；如果正在服用的药物抗焦虑效果显著的话，也可以考虑再添加一种提高性功能的药物。

少数情况下，选择性5-羟色胺与去甲肾上腺素再摄取抑制剂和三环类抗抑郁药一样，会引起心脏功能、血常规的改变，尤其是凝血功能、肝功能和血盐功能。这些副作用相对不那么严重，但一些药物（比如西酞普兰和艾司西酞普兰）的每日最大剂量和推荐剂量与患者年龄有关，而且患者应每隔两个月做一次心电图检查，一年至少进行一次血液检查。

三环类抗抑郁药和选择性5-羟色胺与去甲肾上腺素再摄取抑制剂都不是"急性药"，药效都不是立竿见影的。患者持续用药约四到六周后，高龄患者甚至一般需要服药八周后，药效才能显现出来。药物起效要经过多个过程：首先它在血液和大脑中的含量必须升高，然后血清素的浓度必须充分提高，让更多血清素与焦虑网络上的血清素受体相结合，然后才能触发细胞内的活动。这些都需要时间。

当患者服用推荐剂量的药物几周，药效显现后，焦虑症的各症状均得到缓解，或至少达到了令人满意的缓解程度，就要从"紧急治疗"转入"维持治疗"了。根据目前的诊疗指南，维持治疗阶段需持续服药至少12个月，且服用剂量始终为已被证实对减轻病症有效的药物剂量，即使症状稳步缓解也不可减药，只有服药期满后才可逐步减药。研究表明，一年后再减药，出现病情反复或再次恶化的可能性比一年内就开始减药明显更低。个别情况中，尤其当患者反复出现减药后病情再度恶化的情况时，使用精神药物治疗的时长可能达数年之久。

普瑞巴林治疗广泛性焦虑障碍

普瑞巴林也是一种可用于治疗广泛性焦虑障碍的药物。普瑞巴林起初不是抗抑郁药，而是用来治疗癫痫，现在也被作为预防癫痫发作的抗惊厥剂，以及用于镇痛。大量研究表明，普瑞巴林也能降低广泛性焦虑障碍患者的担忧与恐惧，减轻忧思，提高睡眠质量。普瑞巴林之所以既可以抗癫痫，也能镇痛、减轻焦虑，与它特殊的作用机制有关：它对血清素没有影响，但通过一种相对复杂的机制，减轻了谷氨酸对脑部神经细胞的影响。您在第一部分中已认识了谷氨酸，它是一种脑部信号分子，能极大地刺激、增加细胞活动。

普瑞巴林通过降低神经细胞的兴奋性，提高整个脑部中癫痫发作的阈值，同时降低焦虑网络各部分的活动。形象地说，普瑞巴林就像是开车时把脚从油门上拿开。通常，患者一天服用普瑞巴林两到三次，由于其具有助眠的作用，所以晚上服用的剂量最大。但往往晚上服用一剂普瑞巴林对治疗广泛性焦虑障碍本身也是有利的，尤其当患者有严重的睡眠问题和白天服药会导致日间疲劳时。

普瑞巴林与大多数抗抑郁药的另一个不同之处是它主要由肾脏代谢排出，肝脏对它几乎没有分解作用。因此，普瑞巴林可用于治疗存在细胞色素P450问题或叠加肝病的广泛性社交障碍患者。但反过来，有肾病的患者则需慎用该药。

普瑞巴林只可用于治疗广泛性社交障碍，对治疗惊恐障碍、特定恐惧症或场所恐惧症无效。但也有一些研究发现，它对治疗社交性焦虑障碍也有效果。由于并未获批，所以普瑞巴林极少用于社交性焦虑障碍的治疗，也就是仅在"药品核准标示外使用"。此外，还有多项

研究称普瑞巴林存在形成药物依赖的可能性，不建议给有成瘾性疾病
的患者使用。

服药后症状未改善

不论选择哪种药，都可能出现"虽然患者谨遵医嘱接受了治疗，
但最迟八周后症状仍不见好转"的情况，那么医患双方就应共同寻找
治疗效果不佳的因素可能有哪些：

●**诊断是否正确？** 如果正确，那么用药情况是否与诊断
结果相符？只有当被允许用于某种疾病的治疗，或药效已被
科学研究证实时，某种药品才能发挥最佳药效。芭芭拉·施
密特在她的报告中举了一个例子，即广泛性焦虑障碍和抑郁
症经常被弄混，因为二者均有某些想法在脑海中挥之不去、
失眠的症状。如果患者服用的是对治疗抑郁症有效但对治疗
广泛性社交障碍无效的药，那就无法帮助病情好转，因此还
需要再做一次全面检查。

●**药物剂量是否合适？** 多项研究证实，在用选择性5-
羟色胺与去甲肾上腺素再摄取抑制剂治疗焦虑症时，存在
"量效关系"，粗略地理解就是"多多益善"。如果有必要

的话，应在规定的剂量范围内充分提高药物用量，以确保疗效。因为每位患者的代谢速度不同，所以他们的药物最佳日服剂量也不同。每次改变药物剂量，病情可能好转。这个原则也适用于最低有效剂量，也就是说，患者服药的剂量不应超过能有效改善病情的最小剂量，即不可过量服药。不论何时，患者的药物剂量都应与接诊医生协商决定。

●**患者是否按处方服药?** 有时，第二次来我们焦虑障碍门诊就诊的患者坦言，出于对药物副作用的担心，他们还没有将服药剂量提高到实际有效的剂量，而是依然只服用初期的剂量，即应服剂量的一半。也有较多的患者表示，他们没有遵从医嘱，把本应晚上服用的选择性5-羟色胺与去甲肾上腺素再摄取抑制剂，改为白天服用。因为晚上服药有以下两个问题：一个是药物减少焦虑的效果大多在白天有所体现，而非在人们想要睡觉的夜晚；另一个是许多患者服药后无法入睡，因为选择性5-羟色胺与去甲肾上腺素再摄取抑制剂起初是用来抗抑郁的，具有刺激人体、让人感到兴奋的作用，消除"无精打采"这一抑郁症的主要症状。这种机制白天能让人精力十足，晚上则让人辗转难眠。

选择性5-羟色胺与去甲肾上腺素再摄取抑制剂无效的另一个原因

可能是，人体对该药的代谢方式不同。我们必须知道，选择性5-羟色胺与去甲肾上腺素再摄取抑制剂大部分被肝脏分解，只有很小一部分未经分解，通过肾脏排出体外。肝脏中一种名为"细胞色素P450"的蛋白质的许多亚型负责分解抗抑郁药。这就是说，不同的选择性5-羟色胺与去甲肾上腺素再摄取抑制剂由不同的细胞色素P450亚型分解。我们可以把细胞色素P450想象成一条多车道的高速公路，不同蛋白质变体或亚型就是不同的车道。每种抗抑郁药只能被一条车道分解，有的是左车道，有的是中间车道，有的是右车道。但现在，由于基因突变，细胞色素P450亚型的活性发生了变化，可能升高，也可能降低。从高速公路的比喻中来看：一条原先限速的车道突然取消限速了，另一条原先不限速的车道突然限速50km/h。细胞色素P450不同亚型活性变化的情况不一样，被其分解的抗抑郁药的药效就不同。如果基因突变致使酶的活性升高，则分解药物的速度更快，推荐的剂量就可能无效或效果不佳；如果突变导致酶的活性降低，则分解药物的速度更慢，少量摄入，药物浓度就会在体内升得过高，从而出现严重但非典型的副作用。

　　但这个问题是可以解决的，只需一次额外的抽血检查，就能知道一个人的新陈代谢是否过快或过慢。从血液中可以看出基因是否发生了突变，导致特定细胞色素P450亚型活性加强或减弱。

　　根据检测结果，医生可以让患者服用另一种由其他细胞色素P450

亚型分解的选择性5-羟色胺与去甲肾上腺素再摄取抑制剂，这样就解决了这个问题。临床上使用更广泛的检测方法是检测血液中的药物含量。如果使用了充足剂量的药物，但患者血液中的药物含量还是太低，则说明这种药物对该患者不起作用，应当换用其他药物。

在药物治疗焦虑症领域，细胞色素P450结构改变绝不只是一个理论上的问题。调查发现，18%的中欧人和25%的亚洲人都存在此类酶结构改变的情况。当确诊为焦虑症，且选择性5-羟色胺与去甲肾上腺素再摄取抑制剂始终没有疗效或副作用严重时，就应该考虑对细胞色素P450进行检查了。

尤其是此类抑制剂中，那些基因变异后，酶对其进行代谢的速度过慢的药可能很快就会显现出副作用来。有时由于不了解细胞色素P450结构变化，患者认为这些副作用是过敏的表现，或者与对药物疗效的预期焦虑有关，对治疗有利。对副作用的预期焦虑无疑会影响患者，尤其是焦虑症患者的药物耐受性。有时引发副作用的不是药物本身，而是患者对副作用的担忧引发了应激反应。医生可以通过向患者解释可能出现的副作用（尤其是"首剂效应"）来应对这种情况，而非隐瞒或夸大。我们认为，如果无视血液中药物浓度不正常的现象或不考虑细胞色素P450结构变化的问题，那不仅对治疗而言是致命的，也是没有认真对待患者的病痛和治疗意愿。通过几项简单的检查，医生和患者就能一同找到更好的用药方案。

但有时，也可能真的找不出某种药物对某位患者不起作用的原因：诊断正确，药物剂量充足，患者按照医嘱服药，细胞色素P450诊断也未见异常。这时我们就认为，该患者对药物始终无反应，英语中将这类患者称为**"无应答者（non-responder）"**。有两种应对方式：其一，更换药物类别，如将5-羟色胺再摄取抑制剂换成5-羟色胺去甲肾上腺素再摄取抑制剂，或换成普瑞巴林；其二，换用同类药物中的不同种药品，如换用5-羟色胺再摄取抑制剂下属的其他药品。个别情况下，需要尝试多次才能找到适合的药。但我们的经验表明，大多数患者都能找到合适的药。

植物药

许多来焦虑障碍门诊的患者都会问我们，有没有植物药可供选择，或符合诊疗指南的要求，可以用作治疗焦虑的辅助药。结合当前的研究，我们必须遗憾地说："截至2021年，研究发现对焦虑症有疗效的植物药少之又少，且在德国无一获准用于焦虑症的临床治疗。"听到这个回答后，患者常常投来失望的眼神。然而也有两种植物药例外，不过它们还是不能真正成为治疗焦虑症的替代药。

一种是Lasea®，活性成分是"Silexan"（一种薰衣草油），从几年前起可不凭处方在药店购买。Silexan是一种胶囊状的薰衣草精油。截至目前，研究发现，感到焦虑但尚未发展成焦虑症的人每天服用至多160毫克的Silexan，能有效改善症状。虽然仅凭此，德国联邦药品和医疗器械机构没有批准其用于任何一种焦虑症的治疗，但至少允许将之用于治疗"与焦虑有关的心神不宁"。目前了解的情况是，薰衣草精油之所以能减轻焦虑，可能是由于提高了 γ–氨基丁酸（GABA）的作用。我们在第一部分已介绍过，γ–氨基丁酸是一种能够降低中央神经系统兴奋性，从而减弱焦虑网络的活跃度的物质。根据我们的临床经验，Silexan可以用来治疗那些受到焦虑困扰，但症状与焦虑症还不完全相符的患者。尤其对那些明确提出希望使用植物药的广泛性焦虑障碍患者而言（Silexan对改善该病症状的作用最佳），可以考虑服用Silexan。但我们发现该药的疗效往往不够理想，所以还是首要推荐患者使用写入诊疗指南中的药品。Silexan的副作用也微乎其微，除了经常打嗝外，主要是口腔中常有薰衣草味——但这对患者和其周围的人来说也是可以忍受的。

第二种已被一些研究证明可以有效对抗焦虑和焦虑症的植物药，叫卡瓦胡椒。这种胡椒生长在南亚地区，在当地是一种传统药物，主要用来缓解焦虑，有时也用于镇痛。部分研究认为卡瓦胡椒对治疗"焦虑普遍有效"，但这些研究的说服力不是很强。一些研究认为卡瓦胡椒对治疗广泛性焦虑障碍也有疗效。但目前尚无含卡瓦胡椒成分的药品获准上市，因为不断有研究报告称该药可能会导致严重的肝损伤，也不排除有致癌的可能性。所以，目前卡瓦胡椒不可用于临床治疗。

只能在紧急情况下使用镇静剂

使用药物疗法时，我们尤其重视苯二氮平类药物，即"镇静剂"。常见的苯二氮平类药物有地西泮（如Valium®和Faustan®）、劳拉西泮（如Tavor®）、氯硝西泮（如Rivotril®和Antelepsin®）、溴西泮（如Bromazanil® 和Lexostad®），以及阿普唑仑（如Tafil® 和Xanax®）。实际上还有一系列的"某某西泮"。

不管是哪种药，苯二氮平类药物都有以下作用：减轻焦虑、终止癫痫发作、放松肌肉、令人感到疲惫。之所以有这些效果，是因为这类药提高了大脑神经细胞内 γ–氨基丁酸的作用——和薰衣草精油、卡瓦胡椒类似——降低脑部杏仁体的兴奋性。与上述两种植物药相比，苯二氮平类药物的化学特性使之作用的范围更广、起效速度更快。"镇静剂"大多几分钟内就能起效，这对癫痫这类病症来说非常重要。

在治疗焦虑症方面，苯二氮平类药物也比抗抑郁药更具优势，因为它起效速度明显更快，能终止持续时间很长的惊恐发作，快速缓解恐惧症、社交性焦虑障碍、广泛性焦虑障碍等由环境引发的焦虑、担忧。抗抑郁药通过强化血清素的功能，相对特定地在焦虑网络中发挥作用。苯二氮平类药物则像是给整个大脑拉起了"手刹"，因此神经细胞的活动被迅速抑制，患者的焦虑感很快得到明显减弱或完全消失——但其他许多活动也无法继续正常进行了。

谨慎使用镇静剂！

镇静剂的弊端我们可以列出一长串，直言不讳地说，实际上完全不可能用镇静剂来治疗焦虑症。我们一步一步来看：

首先，苯二氮平类药物让人产生疲劳感，所以定期服用这种药物会明显妨碍患者的日常生活。该药通常不止会带来明显的记忆问题和专注力问题，还有其他负面影响。服药后，患者出行或是在特定环境中工作（如操作机器、高空作业）都会受到限制，因为他们既可能伤害到自己，也可能危及他人。而且苯二氮平类药物也会阻碍学习过程，例如阻碍患者通过心理疗法进行学习的过程。

其次，苯二氮平类药物具有放松肌肉的作用，可能会增加患者摔跌的风险，这对老年人来说尤其危险，因为摔跌导致的伤（例如股骨颈骨折，如果摔到头部，还可能导致意识混乱）可能很难治愈，甚至根本无法痊愈。幸运的是，据我们观察，近年来给老年人开苯二氮平类药物的处方越来越少了，但遗憾的是还未完全消失。

最后，镇静剂最大的缺点就是患者很可能出现明显的药物依赖。目前的数据显示，定期服用苯二氮平类药物超过两周，脑部生理结构就会发生变化，人会出现药物成瘾的倾向。一旦成瘾，患者就会出现第二部分讲过的对酒精或其他药物上瘾的相似症状：无法控制药物滥用，为了能服药而对其他活动漠不关心，停药时出现戒断症状。只是和酒精成瘾相比，对苯二氮平类药物形成耐受的迹象可能更不明显，因为即使剂量相对较小、长时间不增药也可能成瘾——但这并不会对成瘾后的症状起到任何缓解作用。

您可能已经猜到了，苯二氮平类药物对治疗焦虑症有奇效，但也散发着危险的魅力，因此患者常常陷入严重的纠结当中：一方面希望尽快改善或完全消除令人紧张和痛苦的焦虑；另一方面，大多数患者都非常清楚这种药物有成瘾的风险——所以医生通常会在处方上写上"仅在紧急情况下使用！"或"服药时长务必控制在数周内！"可是然后呢？

一些精神病科医生和家庭医生最初会给患者同时开苯二氮平类药物和抗抑郁药，只要抗抑郁药几周后起效，则立刻停用或尽可能少用苯二氮平类药物。但这部分患者此时往往已经出现了药物依赖。他们因为苯

二氮平类药物起效快、效果好，而不愿停止用药。并且患者的服药频率
超过推荐范围也是常有的事，这也会加快成瘾的速度。通常情况下，如
果患者出现了药物成瘾，和其他药物依赖相似，在有效治疗焦虑前，一
般必须接受住院戒断治疗。因此，我们焦虑障碍门诊接诊时，根本就不
会给患者开这个"药物成瘾"的头，而我们的经验也表明：药物成瘾通
常也是可以避免的！用苯二氮平类药物治疗其他心理疾病的一些症状是
可行的或者是必要的，如急性、严重自杀倾向或严重的精神病性焦虑和
紧张，但用它来治疗焦虑症则万万不可。

结合诊疗经历，我们发现，如果患者充分了解各种可用药物的真
实利弊，那么即使病情严重，他们也不会那么担心忧虑，大多能够耐心
地服用几周抗抑郁药。患者能相对明确地知晓未来的治疗将达到什么效
果，感觉病情好转的希望"触手可及"，这就已经在很大程度上帮助他
们减轻了压力，进而直面服用镇静剂可能产生的问题。

药物疗法——我们的结论

我们有关用药物疗法治疗焦虑症的结论如下：首选药品为选择性
5-羟色胺与去甲肾上腺素再摄取抑制剂，对各类焦虑症患者而言，该
类药物通常疗效显著、安全，有时也可以作为长期治疗用药。为了尽
可能达到最佳治疗结果，必须重视适宜采取紧急治疗还是维持治疗的

迹象。目前，经科学研究验证有效的植物药还非常有限，而且还没有一款获批用于焦虑症的临床治疗。虽然苯二氮平类药物对一些情形适用，也是重要的治疗药物，但用来治疗焦虑症，则只能在特定的紧急情况下使用。如果可以的话，还是应尽量完全避免使用此类药物。苯二氮平类药物完全不适合用作治疗抑郁症的中长期药。

心理疗法

"我预料到您会向我推荐心理疗法"——只要我们和患者共同讨论诊疗方案，就会听到许多患者说这样或类似的话。来焦虑障碍门诊的患者，我们首先会了解他们的病情症状和病历，再结合这些信息对患者进行诊断，提出治疗建议。每当我们发现患者已经知道——可能是提前查阅大量资料、阅读媒体的报道，甚至可能凭借直觉——通常怎么做可以缓解病情时，我们都非常高兴。患者往往也很快就接受了心理疗法的建议，和药物治疗相比，他们有时甚至更乐于采用这种治疗方式。但尽管如此，大多数患者不太了解的是："不过，心理疗法的方式有很多。我听说过心理分析疗法，但也听说过认知行为疗法……"

在这方面我们很愿意提供进一步的帮助——既愿帮来问诊的患者，当然也愿意帮正读到这些内容的您分清这些疗法。目前，德国有四种心理疗法在医保报销的范围内，因为它们被证实是"科学有效"且"经济实惠的"。其中有数十年前就纳入医保的认知行为疗法、心理分析疗法和基于深度心理学的深度疗法，还有2019年新增的一种系统心理疗法。

那么，每种心理疗法有什么不同呢？**心理分析疗法和深度疗法（TFP）是传统"个人经历导向的"或"心理动力的"治疗方式**。它们的基础是以冲突为中心的心理疾病产生模式，维也纳权威医生和心理治疗师西格蒙德·弗洛伊德（Sigmund Freud）在20世纪初提出了这一模式。简而言之，上述两种疗法表明，心理疾病或多或少都与有意识的心理冲突有关，而这些冲突的成因是儿时各个阶段中没有得到满足的需求。这些悬而未决的矛盾在儿童时期或成年时期就会表现出不同的症状，例如焦虑症、抑郁症和强迫症。这种解释心理疾病成因的理论由来已久。而心理分析疗法和深度疗法最大的不同在于"回溯"的范围不同，"回溯"即患者回忆他们的生活经历，找寻其中的矛盾。"回溯"是心理分析疗法的重要一步，而深度疗法只关注当下，更多解决那些源自过去、当前依然存在的矛盾。证明深度疗法能有效治疗一些焦虑障碍的科学研究数不胜数，但有关心理分析疗法有效性的证据不论在数量还是质量上都不可与前者同日而语。如果问从事心理分析治疗的同事为什么会这样，他们往往会提及以下两方面的原因：一方面是研究心理分析疗法有效性的实验很难进行。从该疗法基于的理论来看，只有接受治疗时间相对较长的患者才可以作为研究样本。因为首先必须明确矛盾是什么，然后常常需要克服患者出于自我保护，下意识地在矛盾周围设置的阻碍。接下来最理想的情况才是解决矛盾。所以，有时需要进行数百小时的治疗。这对一位研究者来说，想在一生中系统观察该疗法对大量患者的效果，无疑是非常难甚至不可能的。另一方面，在该领域中，人们往往对所谓的过程导向式提问尤为感兴趣。

系统心理疗法表明，患者的社会环境，即他们所处的"系统"，对心理疾病的产生（尤其是病症的持续）至关重要。因此需要发现系统中成员间有问题的关系和互动过程，将之作为治疗重点，改变这些过程，从而达到改善病情的目的。此外，治疗过程中会使用一些特殊的提问技巧和许多颇具争议的"家庭系统排列"方法。在焦虑症领域中，表明系统疗法对治疗社交性焦虑障碍有效的研究格外多。

首选：认知行为疗法

认知行为疗法与上述各种疗法不同。在过去数十年中，涌现了一大批含金量非常高的研究，证实该疗法是治疗惊恐障碍、场所恐惧症、广泛性焦虑障碍和社交性焦虑障碍的有效方式。有越来越多的证据表明，该疗法对治疗分离焦虑和选择性缄默症也有效果。因此，现行诊疗指南将认知行为疗法列为治疗焦虑症的首选方法，医生"应当"向焦虑症患者推荐这一疗法。出于前文所述的原因，诊疗指南不推荐使用心理分析疗法；只有当认知行为疗法无效、无法使用或患者充分知情后有所偏好时，才"需要"使用基于深度心理学的"深度疗法"。而要治疗特定恐惧症时，认知行为疗法和包含在其中的"暴露疗法"（我们还将在下文向您更详细地介绍该疗法）甚至是唯一"应当"使用的治疗方式。所以，在本书中我们仅对认知行为疗法做详细介绍。

认知行为疗法的发展经历了两个阶段：第一阶段是20世纪50年代起。在此之前，人们发现了经典条件反射和操作性条件反射，在此基础上，科学家进行了大量行为实验。这些实验证明，人们通过条件反射习得的行为也是可以被戒除的。通过改变行为实现减轻症状的设想最终被用于治疗人的疾病，成为行为疗法的基础，这也是能够替代当时广泛应用的心理分析疗法的首个新疗法。第二阶段是20世纪60年代起，尤其受到心理治疗师阿尔伯特·艾利斯（Albert Ellis）和阿伦·特姆金·贝克（Aaron Temkin Beck）的影响，心理疾病中的"认知"因素逐渐成为研究对象。因为人们慢慢发现，对感觉出现错误的评估，不仅发生在焦虑症患者身上，也是其他许多心理疾病产生和持续存在的一个重要原因。

认知行为疗法之所以能取得成功，是因为它针对心理问题"对症治疗"。根据目前了解到的情况，该疗法主要针对症状产生的原因，以及条件反射和观察学习这两种学习机制。随着时间的推移，该疗法发展出了日益多样的治疗手段。各种治疗手段往往相互依存，让患者在治疗期间"抛弃"导致产生各类焦虑症的学习过程，或者说，逐步削弱这些学习过程，直至它们完全消失。

治疗手册能够降低治疗的难度

近年来，针对各类焦虑症写就的"治疗手册"数量可观，这些手册被视作治疗指南。每份手册都详细、系统描述了认知行为疗法的步骤，且充分说明了各种病症的特点。医生可以充分参考治疗手册中的内容，据此调整一批或个别患者的治疗方案。我们也已经依据手册研究出了治疗各类心理疾病（如惊恐障碍、场所恐惧症、社交性焦虑障碍）的方法。这样当医生轮换时，也能保证治疗的质量。我们在治疗前期、中期、后期都会定期对患者症状严重程度进行检查，以便判断治疗是否取得了成效。从检查结果中可以看出，这些治疗方法是有效的。如果对各类心理疾病所用的认知行为疗法过程都进行详细的阐述，那就超出本章讨论的范围了。想要全面理解这种治疗方法，更有意义的做法是：向您介绍认知行为疗法的完整结构，并穿插介绍该疗法具体是如何治疗疾病的。

认知行为疗法和在此基础上发展衍生出的各类治疗手段不但用于治疗焦虑症，更多用于其他心理疾病的治疗，如抑郁症、强迫症、饮食失调症、人格障碍和精神病。认知行为疗法的结构性相对较强，贴近日常生活，是将理论转换为实际的一种疗法。和心理疗法一样，认知行为疗法既可短期使用，也能长期使用，治疗时长为24小时或60小时。治疗进行多久，以及保险公司最后报销多少小时的治疗费用，取决于治疗师对病情的评估：患者罹患哪种疾病？疾病的严重程度如何？患者已患病多长时间？患者是否还有其他须在治疗过程中考虑的心理或生理疾病？医生在首次问诊时了解上述信息和其他更多情况，所以首次问诊也被称为"试咨询"。然后，医生起草一份需要交给保险公司的报销申请，内容包括患者的病历记录、诊断结果、计划进行的治疗过程，以及实现治疗成功预计需要的小时数。保险公司请独立的第三方检验申请内容的连贯性和成功的可能性。如果通过检验，保险公司会报销诊疗费用，心理治疗就可以开始了。

认知行为疗法治疗焦虑症基本有几个步骤，各步骤的时长不固定，只要符合患者的治疗需求即可。通常来说，该疗法的步骤如下：

❶心理教育。

❷认知重构。

❸暴露疗法。

❹总结治疗效果。

❺通常几周或数月后还会再进行一次"强化治疗"，以巩固治疗效果，看患者是否能将疗法内容应用于日常生活中。

让患者了解所患疾病

心理教育的主要目的是让患者对所患疾病有所了解。患者应当理解这种疾病，并学会更好地应对它，这对病情好转十分重要。所以，每位患者首先要做的就是了解焦虑的成因：有哪些生理和心理风险因素？学习机制起到了怎样的作用？压力是导致症状产生和持续存在的最重要原因，它又起到了怎样的作用？

以上问题，您已经在第三部分有所了解。在实际治疗中，医生还会考虑您的个人生活情况，并为您"量身制定"治疗方案。

陷入恶性循环

治疗的另一个重要环节是医生和患者共同跳出"焦虑的恶性循环"，如图7所示。从图中我们可以看出，感受、评估和身体症状的复合作用对焦虑症的产生起到了怎样的作用，以及与之相关的应激反应是如何加速、加重焦虑的。患者通常感知到其中的某一个方面（触发因素），就陷入这个恶性循环当中。可能是令人害怕的场景，如做报告、乘坐厢式电梯、第二天即将面临无法预测的情况；也可能是特定的想法和担忧，如"我能做到吗？"一些由"平平无奇"的外部环境引发的身体症状，如上楼梯时心跳加快、高温下头晕或"手足无措"、吃了一顿糟糕的餐食后恶心反胃也可能是通向这个恶性循环的"入场券"。

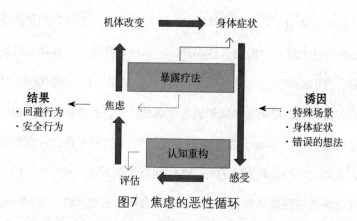

图7 焦虑的恶性循环

到"感受"这一步还不会出现什么严重的问题，因为最重要的一环在这之后才开始——基于感受做出评估。焦虑产生的原因，是将感受评估为"对健康造成威胁的"或"灾难性的"，例如"我害怕被责怪"或者"我无法立刻离开或控制这个环境"。只有这样产生的焦虑才会引发人体发生变化，形成典型的压力反应，例如激活交感神经系统、释放应激激素。这会诱发新的身体症状，如心动过速、头晕、出汗、恶心、陌生感等，或进一步加重这些症状。人体会再次感知这些症状，并将其评估为"棘手的问题"，于是焦虑进一步升级。您看，恶性循环正愈演愈烈！

跳出恶性循环

您现在知道了"陷入恶性循环"是什么状态，现在我们想向您介绍哪些方法能让人"跳出恶性循环"。不同方法的有效性和可持续性不同。我们的许多患者在接受治疗前，就自己发明了一种跳出恶性循环的方式，他们避免接触能够诱发焦虑的因素，或者在这些环境中采取某些特定的、不会引发症状的安全行为。患者来我们诊室就诊时说，他们发明的这种方法的可持续性和有效性不强。现在要做的，就是在患者想要回避特殊场景、身体症状和错误的想法时，短时间内迅速减缓恶性循环的过程，或者完全终止这种循环。但随之而来的是患者的活动半径受到限制、想法长期受到压抑，所以患者的生活往往长期受限，生活质量也不算高。

患者为了人为抑制焦虑或让焦虑保持平稳的态势，会采取特定的安全行为，但也会出现与上文类似的问题。许多患者想方设法应对令自己恐惧的场景，例如手机不离手，喝东西，常备护身符或镇静剂并把它们当作"紧急情况下的救星"。如果手机突然没电，或忘记带了某样东西，那么"情况"则往往"非常紧急"，且不可避免地出现焦虑，或者可能导致回避行为。

有些人也会出现精神上的安全行为：他们一遍又一遍地数数，直到地铁或电梯到达目的地；或者当他们和朋友一起坐在餐厅的露天座位上时，无限循环地告诉自己："马上就结束了，马上就结束了，马上就结束了……"如果他们无法这样做，例如正在和他人进行谈话，或不得不顾忌社交礼仪，那么很快就会产生焦虑。

这些例子都明确显示，患者频繁采用的这些自以为安全的手段，其实只能形成"假性自主控制"，而且需要付出的代价是使自己对这些手段形成依赖，甚至阻碍真正的自主控制的形成。所以需要另外一种可持续的、能够摆脱恶性循环的策略，让人重获对生活的自主控制权。为了实现这个目标，可以从上述循环（图7）的三个节点入手，实施治疗：

❶对感受形成的评估是导致焦虑产生和持续存在的重要因素，必须改变这样的评估。

❷直接对抗焦虑，让患者感觉焦虑不会继续加剧，而是会自行缓解。

❸直接缓解身体症状。

实现第一点的方式是认知重构，实现第二点和第三点的方式是暴露疗法。

探究对感受进行的"评估"

患者在进行认知重构时，可能存在评估和信念阻碍症状好转的情况。例如，"认知功能失调"的患者认为"焦虑会不断升级，这将是一场灾难""如果我和我同事说话时语无伦次，那我就会永远都十分难堪""如果我不担心那么多，而意外发生在了我孩子身上，那么错就在我"。我们可以用特殊的方法应对这些或与之类似的信念。

●**去灾难化**："最糟糕能发生什么呢？啊哈——那真的是灾难吗？然后您能做些什么呢？"

●**距离化**："如果您看到有人说话语无伦次，会怎么想？您也会觉得他愚蠢吗？"

●**去责任化**："您的担心能提前预知所有意外情况吗？这些突发情况除了对您有影响，还对谁、对什么方面有影响呢？"

这些只是过于简单的例子，但是通过这些例子我们可以看出，医生和患者间转换用词的典型模式是什么样的。这样做的目的是让功能失调的认知（也就是想法）在潜移默化中逐步被正确的功能性认知（与事实相符的评估）所取代，从而清除缓解焦虑的一个重要阻碍。

直面焦虑

现在我们来到认知行为疗法的内容之一——暴露疗法。在接受暴露疗法的治疗时，患者会直面引发焦虑的情形：如果是患有恐惧症，就直面令自己感到害怕的场景或物品；如果是患有惊恐障碍，就直面能够引发焦虑的身体症状；如果是患有广泛性焦虑障碍，就直面担忧和恐惧。只要患者坚持的时间足够长，就会感觉焦虑自行消失了。这种现象的原因是焦虑的"进化程序"：焦虑不是一种会越来越糟糕的持续状态，而是（从纯理论视角来看）当人们成功做出了战斗或逃跑的反应后，会在一段时间后消失的感觉。

然而，患者却认为焦虑是一种会越来越糟糕的持续状态。因为直到现在他们依然感觉焦虑到了极点，而且还没经历过太多由此引发的焦虑发作。为了避免焦虑进一步升级，他们更多选择回避引发焦虑的场景，或采取安全行为。对某种恐惧症的患者而言，这意味着如果回避场景，那么他根本就不会焦虑。因为患者根本就不乘坐地铁，不前往高处，自然也不会产生焦虑。采取安全行为的人，的确会让自己暴露在引发焦虑的情景中，但为了忍耐这些情景，他们可能喝水、嚼口香糖，或是通过数数等手段让自己平静下来。这些行为给予他们一定的安全感，让焦虑保持在较低或中等的阶段，但大多是在可以忍受的水平"上下波动"：焦虑上升——喝水——焦虑下降——焦虑又上升——打开音乐——焦虑下降——焦虑又上升——再次喝水……凡此种种。一旦地铁到达终点，或从高塔上下来，"危险"就解除了，焦虑水平再次下降，且不再上升。不论如何，患者只在压力环境中停留较短的时间，因为他们会避免长时间待在地铁里或高塔上。而且未来他们也会回避类似的环境和活动，这就会不断缩小他们的活动半径。

安全行为和回避行为有一个共同的问题：患者认为如果自己不做些什么，那么焦虑就无法自行缓解，且这种体验无法被矫正。而暴露疗法旨在矫正这样的体验。患者在做了万全的准备以及认为自己准备好的时候，最好先和治疗师一起接触感到焦虑的环境。然后在多种安全机制的控制下，患者的焦虑感逐渐上升，直到出现自发的焦虑发作。图8展示了暴露疗法中，允许和不允许患者采取安全行为时的焦虑曲线分别是怎样的：回避行为当然也会阻碍焦虑加剧，安全行为让焦虑曲线出现小幅度波动，暴露疗法使得焦虑水平不受干预地急剧上升，之后再急剧下降。治疗过程中这条曲线如何变化，我们将在后文介绍。

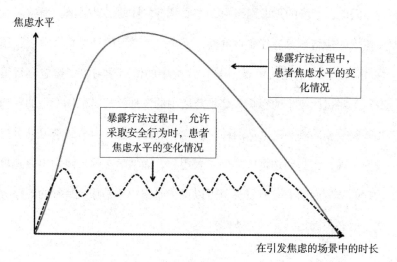

图8　焦虑曲线

为了战胜焦虑，经历自发的焦虑发作是非常重要的，原因有以下两点，且二者联系紧密：

❶患者可以亲身体验到，只要坚持得足够久，焦虑就会自行消退。这样的体验矫正了他们此前认为的"焦虑会不断加剧"的想法。

❷只有当焦虑自行消退时，才能对习得焦虑的学习机制进行矫正。而要实现这一点，需要新的信息"焦虑减弱"覆盖旧的信息"焦虑"，即"清除焦虑"取代"习得焦虑"。

因此，大脑的焦虑网络中，主要是杏仁体的活动减退。而这对有关焦虑的情绪学习过程非常重要，至于这个学习的结果是"学会"还是"荒废"，则无关紧要。暴露疗法中的情绪学习（"焦虑自行消退"）对机体产生的影响与药物疗法中的抗抑郁药对机体产生的影响几乎完全相同——这也是两种疗法均有效的原因。但情绪学习的可持续性更强，因为药物可以"停止服用"，而"学会的东西"不会随着治疗的结束而消失。所以甚至可以说，暴露疗法是疗效最好的治疗方式，但必须满足以下三个条件：

❶患者必须停止一切回避行为和安全行为。

❷患者必须真正感受到焦虑消退，即使这个过程非常漫长。

❸患者必须接受多次暴露——可能是在同一天内，也可能是在连续的几天中。

第一个决定性条件是患者必须停止一切回避行为和安全行为，否则无法将新信息"清除焦虑"映入脑海。这一点，治疗师必须在首次采用暴露疗法前向患者进行充分的解释说明。所以，患者不可以在接受暴露疗法前服用任何能够抑制焦虑反应引发身体症状的药物，比如β受体阻滞剂。此外，治疗师至少要陪伴患者进行第一次暴露治疗，并观察患者状态，看其是否采取了某种安全行为。因为这样的可能是存在的，毕竟此前患者都在竭力避免接触诱发焦虑的场景——这也是完全可以理解的。治疗师要立刻对患者的安全行为进行阻止和纠正，从而确保焦虑水平不断上升。我们团队参与的一些研究显示，有治疗师陪伴的暴露疗法的效果远比从始至终都没有治疗师陪伴的暴露疗法疗效好——即使这些治疗师对患者进行了非常详细的指导。所以，患者一定要非常重视，让治疗师陪自己参与治疗，并请其对自己的表现进行评价——这对医患双方均有益。

第二个条件是患者必须真正感受到焦虑消退，所以预留出足够的治疗时间就非常重要了。其实只要暴露疗法一直持续进行下去，就一定会出现焦虑消退，只是出现的时间早晚不同罢了。一些患者只要乘坐20分钟的电梯就感受到了焦虑消退，而另一些患者有时则坐了几个小时的地铁后才感受到焦虑消退。但无比重要的是，患者一定要真正感受到焦虑消退，否则情绪学习的结果就是"焦虑不会消退"——而且出现的焦虑会持续不断地加剧。所以，不论是患者还是治疗师，都必须做好治疗时长可能比预估时长更长的心理准备。为了避免时间太紧张，最好把当天晚上的安排统统改期。

最后是第三个条件——暴露疗法不能成功过一次后就终止，因此，再次强调需要预留出足够的治疗时间。连续进行多次暴露是极为重要的，理想情况是在同一天内或连续几天内进行。因为仅一次成功的暴露疗法实现的"清除焦虑"的作用，与往往存在已久的有关"习得焦虑"的信息相比，还非常微不足道。只有通过多次暴露，"清除焦虑"才能逐步加强、占据支配地位，在某一时刻完全取代"习得焦虑"。要巩固这一过程，重复是必须的——在每次取得成功的暴露疗法中，患者一般会感觉焦虑进一步缓解：焦虑加剧的过程越来越平稳，自发消退发生得越来越早（图9）。如果将焦虑程度划分为0到10级，那么最理想的情况是保持在0级。

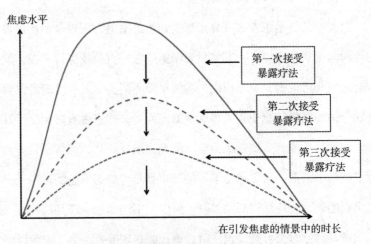

图9　重复接受暴露疗法后焦虑的下降情况

　　焦虑疗法也是认知行为疗法的内容之一，因为如果没有暴露疗法，那么认知行为疗法的疗效也会大打折扣，而且疗效的持久性也明显更差。与之相应，其他研究发现，仅接受暴露疗法，与接受了完整的认知行为疗法后取得的疗效是相似的，尤其是在治疗场所恐惧症和惊恐障碍方面。因为至关重要的是，暴露过程激活了情绪，实现了重新学习。而根据现在的认识，认知行为疗法在焦虑网络中发挥的最大作用就是实现重新学习。这也是不使用暴露疗法的心理治疗方式，其有效性相对较低的原因。

我们可以做一个简单的类比：如果我想学开手动挡的车，那就必须了解交通规则，知道汽车的油门、刹车、离合器的位置，以及要让车按照我的意愿行驶，我该如何操纵这些部件。如果只是充分掌握了理论，而没有把理论应用于实践，在道路上行驶——至少最初没有在压力的推动下这样做——我还是不会开车。而一旦上路，掌握每一步骤的速度往往快得惊人，比如从换挡到点刹。这个过程一定是在压力下、带有情绪的，尤其是有效的学习过程共同作用的结果——和暴露疗法相同。这里也是心理教育和认知重构的理论内容在实践中的体现。这样一来，在情绪被强烈激活的同时，焦虑消退的信息也印入焦虑记忆了。

原则上，暴露疗法适用于治疗所有焦虑：治疗恐惧症和分离焦虑时，将患者暴露在令其害怕的环境或事物中；治疗惊恐障碍时，用实验的方法制造出那些与焦虑相关，并最终引起惊恐发作的身体症状。例如，心跳加速可以通过快速爬楼梯的方式实现，头晕可以通过坐转椅的方法实现，呼吸急促可以通过有用吸管快速呼吸实现。而对于广泛性焦虑障碍患者而言，则是要暴露在那些担忧中。担忧的内容大多是一些想法，或者是一些令人忧心忡忡的地方（如医院），然后忍受焦虑直至其自行消退。

灵活和开放的治疗方式

通常来说，认知行为疗法治疗焦虑症的过程如下：先是心理教育，然后是认知重构，最后是暴露疗法。但这三种方法的先后顺序并非严格固定，也可以根据患者的实际情况和病情需要，时不时添加到其他疗法当中。所以为了符合患者的实际情况，是可以灵活安排各种治疗方法的。

除了上面提到的几种方法外，认知行为疗法中还有放松疗法，例如雅各布森（Jacobson）的渐进式肌肉放松疗法或自主训练。这些方法能够降低压力水平，从而提高出现症状的阈值。在第一部分和第三部分，您已经知道，**压力是引发症状和维持症状持续存在的最重要因素**。根据焦虑症不同的种类，还可以在治疗过程中融入不同的治疗方法。例如，治疗社会性焦虑障碍时，可以用角色扮演的方式训练患者的社交能力。其中模拟的典型社交环境如开启一场对话，或使对话进行下去，或是提出一项要求。这样不仅能培养社交能力，还能让患者发现并强化自己已经具备的社交能力，从而增加在社交领域的自信心。

目前，认知行为疗法是治疗焦虑症的一种非常有效的方式，因此也在治疗焦虑的场景中最为常用。从20世纪90年代起，虽然经典认知行为疗法进一步发展扩充，也出现了新的方法，但截至目前，临床中这些新方法都没有经典疗法使用得多——有一个例外：专门用于治疗广泛性社交障碍的元认知疗法（MCT）被证实疗效非常好。20世纪90年代，英国心理学家阿德里安·韦尔斯（Adrian Wells）发明了该疗法。多项研究反复表明，在治疗广泛性焦虑障碍时，元认知疗法的效果与认知行为疗法的效果持平，甚至超过后者。

元认知疗法的具体方法同样由许多不同的、相互依存的模块组成，对其一一进行详述就超出了本书的讨论范围，但我们还是想向您介绍一下该疗法的核心内容。元认知疗法的基础是广泛性焦虑障碍的元认知模型，该模型您在第三部分已有所了解。它关注的不是广泛性社交障碍患者为什么感到焦虑，比如健康或安全。**元认知疗法更多关注思维的方式，即患者是如何思考的，为何感到焦虑，以及他们产生这些想法所持的信念是什么。**这些信念可能是积极的，于是患者的元认知就是积极的，例如"担心就是预防"或者"只有我保持担忧，我的生活才是安全的"；但信念也可能是消极的，于是患者的元认知就是消极的，担忧的结果也是消极的，例如"我根本无法控制我的担忧"，或者把自己的忧思当作一种情绪，并寻求医治。

虽然元认知疗法和认知行为疗法很早就是许多诊疗指南推荐的治疗广泛性焦虑障碍的方式，但目前，在德语地区研究元认知疗法的治疗师还相对很少。所以，元认知疗法作为认知行为疗法的补充，成为临床上治疗广泛性社交焦虑的一种方式，是值得期待的。

其他治疗方法

心理疗法（尤其是认知行为疗法）和药物疗法是被研究最深入也被证实最有效的治疗方式。此外，还有其他不同的治疗方式，我们想向您介绍其中几种。它们尤其适合对患者进行个性化的补充治疗。这些疗法不仅是许多科学研究的课题，也是我们的患者经常使用的治疗方式。

运动

运动不仅有利于身体健康，也有利于心理健康。从流行病学调查中我们可以看出，身体运动也能降低罹患心理疾病的风险，尤其是患上各类焦虑症的风险。但运动不仅能够预防疾病，也对焦虑症患者症

状的改善大有裨益。过去人们还以为，只有特定的身体锻炼才能达到
预防和治疗的目的，但近年来逐渐发现，日常生活中的体育活动和身
体运动就能给心理、身体带来许多积极影响，包括做各种家务、骑自
行车和爬楼梯。目前，这条运动建议普遍适用于所有人：**每周至少进
行150分钟的非剧烈运动（略微出汗、脉搏加快）或90分钟的剧烈运
动**。但也可以是两种运动穿插进行。

惊恐发作的症状包括脉搏加快、心跳加速，而体育运动也伴随着
相同的变化，所以许多患者避免进行体育运动。但从我们目前了解到
的情况来看，担心体育运动会引起惊恐发作是毫无根据的。相反，我
们团队的研究和其他团队的科学研究显示，即使对于患有惊恐障碍的
人来说，哪怕只进行了一次体育运动，也能有效减轻焦虑，缓解惊恐
发作。而且惊恐障碍患者运动后，这种缓解作用在身体再次出现焦虑
症状时依然存在。患有牙医恐惧症的人进行体能耐力训练后，再到牙
医处就诊也不会那么焦虑了，同时应激激素系统也不会受到强烈的
刺激。

虽然直接对比药物疗法、认知行为疗法和体育运动的有效性会发
现运动的效果不算格外显著，但许多研究发现，每周规律运动两到三
次，持续八到十二周，也能明显缓解焦虑。那么，把身体运动和体育
活动也融入心理疗法当中就是情理中事了。而且我们的研究也首次发
现，有迹象表明运动能使心理疗法的有效性更加持久，甚至更加显

著。体育运动和身体活动无疑对心理健康有积极作用——当然也对身体健康十分有益。

但截至目前，尚无哪种运动方式对缓解焦虑症症状效果最好的研究。多数研究已证明耐力运动（如慢跑）或骑自行车对焦虑症患者症状的改善起到积极作用，而其他体育运动（如跳舞、游泳、滑冰、力量训练或瑜伽）也同样有效。如果不想在专业指导下进行训练，则应当循序渐进地开始运动。例如，正确运动的一个重要表现是您在跑步的时候感到心情愉悦。如果不是这样的话，那您跑得就有些快了。

虽然一些人喜欢自己运动，但对大多数人来说，和其他人一起或者报班参加课程会让运动变得更加简单一些，许多人也能更好地克服内心的惰性。事实上，惰性是一种来自祖先的"遗产"，因为我们的祖先必须合理分配能量，将之节省下来用于获取食物等生存必需的活动——而"合理分配能量"这一行为本身也需消耗能量，消耗不必要的卡路里可能对生存造成威胁。

但在当前食物充足的工业国家则完全不是这样的，我们在生活中也不常运动了。最迟在成年时我们就"忘记"了身体活动和体育运动属于人类的基本需求。

通过放松和正念来进行压力管理

您在前文中已有所了解，放松疗法（尤其是雅各布森的渐进式肌肉放松疗法或自主训练）也可以减轻焦虑，但患者不能把放松当作一种回避的方式。因为在暴露疗法中，当患者暴露在令其感到焦虑的环境中时，必须感受到焦虑，而不是放松。所以，放松疗法更适用于缓解人们普遍感受到的焦虑、紧张，其他放松疗法的方式（如冥想、正念和瑜伽）也是如此。目前，科学家正在对基于正念的放松方法以及瑜伽可能实现的治疗效果做进一步的研究，将其作为普适的疗法推荐给所有患者还为时尚早。

互助小组

互助小组［如德国焦虑互助小组（www.angstselbsthilfe.de）］和其他形式的互助可能对患者病情好转有很大帮助。尤其对社交性焦虑障碍患者而言，这样的方式让他们能够与其他"志同道合的人"在社交中形成新的社交体验。

顺势疗法与拍打疗法

目前还没有数量充足、含金量高的证据表明，顺势疗法和拍打疗法（如情绪释放技术）能有效治疗复杂焦虑症。但一些人主观上认为它们对自己有帮助，或者坚信其有效。

神经刺激

神经刺激疗法在研究中被用于检查和治疗焦虑症或其他心理疾病。经颅磁刺激技术（TMS）用电流脉冲和磁场通过头骨对特定脑区进行激活或抑制，但还没有研究证明该技术适用于焦虑症的临床治疗。

自我帮助和寻求他人帮助

患者时常问我们，有没有他们自己能做的、快速对抗焦虑的方法，尤其是在既往的治疗没有取得成效，甚至症状反而有所恶化时。让船舵自动掉头的妙招肯定谁也没有，我们也没有，而且对于类似的治疗建议和疗效承诺，患者也一定要谨慎听取。因为您在本书中接触到的焦虑症的发病条件都非常复杂，所以很遗憾，患者往往都不能自行立刻扭转病情。最重要的是：您一定要寻求专业的帮助！请和心理治疗师、精神病科和心理科的专科医生，或是您的家庭医生取得联系。当其他所有导致焦虑加剧的因素都被排除后，您可以和您的医生一同制定出个性化的治疗方案。制定方案时，在线诊疗、视频诊疗也日益成为重要的沟通方式。在这之后，朝着持续缓解症状的方向努力才是最重要的、最有意义的。

有时，一些小行动也能带来大改变，我们希望您一定要记得坚持体育运动。因为身体活动和体育运动改善焦虑的作用不仅是短期的，也是中长期的。您可以给自己找一项喜欢的、日常就能进行，而且可以全年坚持下来的身体活动或体育运动。为了克服可能的困难、障碍，还有内心的懒惰，有条件的话，您最好可以和其他人相约一同锻炼，因为和其他人一起运动往往乐趣翻倍，您也在一定程度上需要承担遵守运动约定的责任，从而更好地坚持下去。

另一种自我帮助的好办法是与其他患者建立联系，例如和同样希望实现自我帮助的患者沟通。这样一来，您一方面可以知晓其他疾病的情况，交流不同的治疗方式；另一方面，也是非常重要的一点，您会知道：面临这些问题的根本不止您一个人！您附近或许就有这样的互助小组。

根据您从之前的章节中读到的内容，结合对焦虑症的了解，您或许可以想出一些能够有效应对焦虑、缓解症状的方式，这些方式也可以用来为认知行为疗法做准备。

减轻压力

因为压力是焦虑症产生和持续存在的核心要素，所以您可以试着减少自己在日常生活中的压力。我们常常向患者提出如上建议，但得到的回答往往是"说起来容易做起来难啊！"是的，每个人的生活都充满了挑战，因而也充斥着潜在的压力，其中许多应对起来并不简单。尽管如此，我们还是希望您更仔细地看一看：压力真的一点儿都无法减小吗？在生活领域中，真的不能减减速，不存在减少或取消一项、几项活动的可能性吗？这当然需要每个人带着批判的眼光对自己的生活进行审视，但我们依然希望您试着这样做一做。

放松疗法能减少压力，对许多患者都有所帮助。患者告诉我们，它们每天或每周留出固定的时间投入到练习中，充分放松自己。单是如此，就是一种很好的自我护理，有助于提高生活质量、减轻压力。具体方法已经有所提及，如雅各布森的渐进式肌肉放松疗法、瑜伽和自主训练。"正念"也能减少压力，这种源自禅修的方法和认知重构相类似，可以帮助改变人的感觉和对感觉的评估，从而减少压力的产生。有关正念疗法的具体描述，请参阅相关文献，或参加相应课程。但请注意：减轻压力并不意味着在面对焦虑时采取回避行为，或者扩大引发焦虑的因素。

避免回避行为，直面焦虑

我们在本书中反复强调，不应因为某些环境、身体症状或想法会引发焦虑就回避它们。这不仅会降低生活质量，而且也会增加焦虑症患者的痛苦，导致病情持续恶化。患者的回避行为阻碍了矫正体验，而矫正体验是阻碍、扭转现实或进一步缩小精神活动半径的重要因素。所以，我们呼吁：尽管非常难，但请您直面恐惧！即使您感觉自己有回避某个环境、避免出现某种（诸如心跳加速）身体症状，或者不想让那些忧思在脑海中盘旋的冲动，也请您不要逃避。

焦虑症患者不仅应当允许自己接触那些诱发焦虑的因素，还应有意识地像在暴露疗法中那样直面它们，试着不在其他手段和方法的帮助下，抵抗住随之而来的焦虑。具体来说，只要您有机会，就去乘坐厢式电梯、在众人面前发言、站上高塔或高山、深入分析您的忧虑——尝试这样做吧！因为这有助于您矫正以往的体验，改善病情。

和接受专业药物治疗或心理治疗前需要做的事一样，您在做上述尝试之前，也一定要先谨慎考量一遍，排除一切患有生理疾病（尤其是心血管疾病、肺病、中央神经系统疾病）的可能性。

患者亲属能为患者提供怎样的帮助

患者亲属有许多帮助患者的方式。其中最大的帮助一定是增强患者接受心理治疗的意愿，还可以帮助寻找精神病科医生或心理医生的地址、联系方式，或者第一次就诊时陪伴他们同去（但不是代替他们去！）。因为对许多患者来说，迈出就诊的第一步并不是件容易的事。此外，亲属还能在其他许多方面提供帮助，比如不让患者进行"自我污名化"，或者只是云淡风轻地描述自己的症状。"得了这样的病，我就不能去公共场合了"或者"到目前为止我几乎还没跟任何人说过我的病，肯定所有人都觉得我疯了"这样的想法虽然越来越少，但很遗憾，它们依然存在。毫无疑问，这样的想法不利于治疗，也会明显妨碍，甚至完全阻碍症状改善。但患者理应接受治疗——这是他们的权利！

此外，患者亲属还能提供一种非常重要，甚至具有决定性作用的帮助，就是让患者知道焦虑症是非常常见的，仅在德国就有数百万人患有焦虑症。他们完全不是孤身一人在和这种疾病做斗争。而且，当压力足够大或者变得足够大时（见"易感性-应激模型"），任何一个人都可能患上焦虑症。患者家属不应该赞同"这也没那么严重啦，别人的问题就完全不一样"之类的说法，尤其当患者明显承受着巨大的压力，病情明显限制了患者生活的时候。

许多患者家属和朋友都愿意为患者提供日常生活中的帮助。比如陪患者一同面对引发焦虑的环境；始终保持电话畅通，确保患者需要的时候就能联系到他们；或者不让患者承担他们必须做，但会引发焦虑的任务。举几个例子：帮场所恐惧症患者买东西，帮社交恐惧症患者打电话或者替他们完成私人会话，允许广泛性焦虑障碍患者反复确认他们担心的事不会发生，时刻陪伴有分离焦虑的人。但遗憾的是我们必须再次强调：好心并不一定能办好事，这些帮助并不总是有利于患者康复。因为您可能也已经发现了，有如上做法的亲属虽然给患者提供了安全感，但也支持和强化了患者的回避行为，从而阻碍了患者康复所必须经历的"矫正体验"。

重要的是，一旦患者提出了不可完成的要求，或出现反复确认的行为，患者家属和朋友就应对自己的行为进行反思，并向患者指出问题所在。当然，指出问题时不应摆出高高在上的姿态颐指气使，而应对患者的痛苦表达充分的共情和理解，要鼓励患者排除万难直面焦虑，并尽最大努力忍耐这种感觉。在患者乘坐火车出行、接打电话或在工作场合的决策之前，亲属通过亲切交流或者制订一份"如果出现焦虑要如何应对"的计划等方式来提供支持，可能是非常有益的做法。

即便患者亲属为患者提供安全行为或维持其回避行为的时间已经非常长了，还是应当试着改变自己的行为，逐步转变为上述做法。如果上述做法反复不起作用，患者更加痛苦，焦虑导致其所受的限制越来越多，甚至出现了其他心理疾病的症状（如抑郁），那么是时候考虑住院治疗或者在日间诊所接受治疗了。因为住院进行心理治疗有一个好处，就是能接受多位心理医生、体育运动治疗师，必要时还有社工等专业人士的关照。在大多持续数周的住院治疗过程中，患者不仅接受药物治疗和心理治疗，可能一些与焦虑症有关的社会问题（如失业、经济困难、社会孤立）也能得到解决。

根据我们的经验，患者亲属可以在上面提到的患者自助、互助中提供帮助，让认知行为疗法的核心内容融入日常生活当中。如果认知行为疗法的内容可以持续迁移到患者生活中，那么患者即使出现症状，也大多都在可控范围内，症状的发展得以延缓，甚至在最佳情况下病情不再恶化。但这些通常都不能代替收录在诊疗指南中的治疗方式，只有基于诊疗指南的治疗方式才对症状持续改善、防止病情反复有着重要作用。所以，我们以下面这条呼吁来结束本章节：**希望您不要因为患病就不敢去公共场合，虽然寻求专业的帮助可能耗时费力，但请您一定要这样做。您有获得治疗的权利！**

"是什么帮了我"——患者的治疗经历

第二部分中，患者及其亲属讲述了他们与焦虑症有关的生活故事。接下来，他们还将分享各自接受不同疗法的独特经历。我们刻意隐去了患者的治疗细节、所用药物，因为用药必须根据每位患者的实际情况才能决定。您将看到患者们完全不同的治疗经历，不仅包括上面提到的符合诊疗指南规定的治疗方式。我们听到了经历不同、病情不同的患者的故事，他们带着各自的诉求到我们诊室来寻求帮助。在确定治疗方案时，虽然心理疗法和药物疗法是主要方式，但个性化的辅助疗法也在考虑范围内，而且一些患者也的确使用了这样的疗法辅助治疗。

菲利普·奥尔，40岁，酒店经理

（患者诊断结果：惊恐障碍，伴有场所恐惧症）

我在第一次惊恐发作后就挂了一位神经科医生的急诊，前后总共尝试过三种药物。但每种都不起效，或者副作用强烈。例如，我吃了七个月的抗抑郁药，但它让我的所有感觉都失灵了。我感觉不到快乐，感觉不到悲伤，也感觉不到爱，什么都感觉不到。

我也极度害怕服用医生开给我当作"紧急药物"的一种镇静剂。因为和吃这种药相比，我宁愿硬扛过去。直到后来我接触到认知行为疗法，才逐渐接受了这种药，有了它，人最起码不会发疯。我只在极个别情况下吃这种药，它真的对缓解症状有帮助。最初我去了一位神经科医生那里就诊，但作用不是非常明显，我感觉她没有很认真地对待我的病情。然后，我也开始自己分析症状，但只分析症状并不是一条能让病情好转的正确道路，它没有任何疗效，而且我觉得这是一条孤独的、看不到尽头的路。

后来，我开始接受深度疗法，该疗法对我有一定的帮助作用。它帮我解决了很多问题，尤其是童年遗留下来的。但深度疗法还是没能让我摆脱困扰，因为它只围绕童年展开，而没能让我在追求病情好转的路上有应对具体问题的办法。

在经历了一段治疗暂停期后，我于2016年来到了夏里特医院，这里的医生建议我运用认知行为疗法。当时，我很快意识到这种疗法很有效，而且该疗法交给我的办法能让我避免再次发病。正念练习、冥想和瑜伽对我的帮助尤其大；写日记是我的"家庭作业"，也很有帮助，我需要在日记中回答一些问题，例如：现在到底发生了什么事情？惊恐发作时你的身体有哪些反应？我还学会了更加深刻的自省：这些情况到底为什么会发生在我身上？我身上的哪些特质与之有关？

我是一个典型的老好人，拒绝别人对我来说太难了，所以我承担了许多别人加在我身上的重担。但现在我好多了，也会说"不"了，能先看看实际情况，再决定是否答应别人的要求。这样的经历让我知道，别人不会因为我拒绝而生我的气，我也不会因为说了"不"就失去友情或爱情——这正是我从前害怕的事。

通过治疗我改变了自己，而且和伴侣一起坐下来谈谈我发生了哪些变化、我们之间出现了哪些新的问题，对我们两个人都非常有益，因为这样我们能更好地了解对方的想法。

为了缓解症状，我从2016年起也开始低剂量服用一种抗抑郁药，我记得这也有所帮助。而且我逐渐接受了自己需要长期服药的事实，对我来说，这就像高血压患者需要长期服用降压药一样，都是为了改善身体状况。

路西娅·奥尔，36岁，菲利普·奥尔的伴侣

我的伴侣在焦虑障碍开始后不久就寻求了专业的帮助，其中包括深度疗法、行为疗法以及药物治疗，而且至今仍在坚持服药。

我个人一直觉得治疗是缓解症状的有效途径，从一开始就相信这些治疗方法能够帮助我的伴侣改善症状。关于这些疗法，我们没有进行太多讨论，只是我的伴侣时不时会有所提及，但我从来不会强求他跟我讲些什么。我自己没有寻求过什么帮助，觉得没有这个必要。

芭芭拉·施密特，56岁，记者
（患者诊断结果：广泛性社交焦虑）

我最初接触的是认知行为疗法，我知道它对治疗抑郁症和焦虑症很有效。但治疗了一段时间后，我发现它对我来说效果不是很好。我倾向于通过思考解决问题、用理智掌控情绪，但广泛性社交焦虑让这些想法刹不住车，而治疗性谈话更是让病情进一步恶化。

我服用了一年半的抗抑郁药，期间疗效都不错，病情也非常稳定。但在瑜伽和其他疗法的世界里，药物往往被妖魔化为妨碍"真正"治愈的毒药。我接受了这样的观点，停止服药。但三个月后，病情恶化得实在太过严重，于是我决定重新服药。没想到的是，这次药物的效果非常不理想，焦虑程度严重到我不得不中止治疗。我反复尝试了好几种不同的药，变得越来越绝望，最后去了一家心理诊所。诊所医生给我开了不同的药，最后搭配服用两种药物才让病情有所好转。在我感觉良好一段时间以后，我又停药了，焦虑也又回来了。

这次，在一位朋友的建议下，我来到了夏里特医院的焦虑障碍门诊。直到来了这里，医生的诊断结果才和我的症状完全相符。医生给我开了一种有镇静效果的药物。但那时，不安全感已经席卷了我的生活，我第一次做出了住院治疗的决定。我在院期间接受的所有治疗都疗效显著。我能逐渐从惊恐状态中走出来，为接受治疗做充分准备；镇静剂也让我能好好休息一下，真正睡个好觉。除了单项治疗外，过程导向和体验导向的互助小组疗法也对我的康复很有助益。

时至今日对我帮助最大的，是那些让我与自己的感觉建立连接的疗法。体味那些感觉是什么，感受它们是如何生成又如何消失的，能够对焦虑起到缓解作用。我几乎每天都练习瑜伽睡眠——一种有关专注、仁慈地接受一切的冥想方式。瑜伽睡眠对我帮助很大，让我逐渐走出了失眠阶段。

我还在服药，只不过剂量比起从前明显少得多，而且现在还不想停药，因为我已经多次经历病情反复了。但我还想再找一些更加适合自己的治疗技巧和方法，我觉得能量疗愈技巧和心理疗法并不冲突——不论采用怎样的治疗方式，最重要的是有疗效。

茉莉亚·施密特，29岁，芭芭拉·施密特的女儿

儿时，我不太理解母亲所接受的治疗。在我看来，母亲在2012年接受的治疗也是与药物相结合的，而且效果相对较好。但当母亲感觉自己好多了，停止服药时，病情就变得非常严重。然后，她来来回回、反反复复尝试了各种不同的疗法和药物。

　　同年（2012年），母亲去了一家诊所，那对她来说是一次非常可怕的经历。和在医院一样，她觉得不舒服，与医生、治疗师的沟通也不自在。我觉得，那次问诊对她没有多大帮助。

　　但在2017年，母亲去的那家诊所对她而言是选对了地方，母亲的症状大为好转。我也去那里探望过她。她很喜欢那里，喜欢那里的体育运动、身体疗法、创造性治疗、谈话疗法，也很享受在环境优美的餐厅就餐。很明显，这些都对母亲病情好转大有裨益。我想，不论是对母亲还是对我来说，知道有一个能够帮助母亲对抗疾病的地方，是件非常好的事情，这也让我们这些亲属不那么担心了。

尼娜·布罗姆，30岁，乐团音乐家
（患者诊断结果：社交恐惧症）

我在18岁的时候接受了第一次治疗——一次谈话疗法，但不是因为焦虑症——那时还没诊断出来。我服用抗抑郁药差不多10年了。2014年，我得到了第一份工作，也开始尝试新的疗法，还是谈话疗法。通过谈话疗法，我的焦虑也暴露了出来，例如：当我不得不和同事说话时，我感到焦虑；还会绞尽脑汁地想别人对我有怎样的看法。

搬到另一座城市后，我又开始接受新的谈话疗法。这里的医生也多次注意到我焦虑的情况，但治疗主要还是围绕抑郁症展开的。

2018年，我停止服用抗抑郁药一段时间，状况又变得非常糟糕。也是在那时，我第一次在夏里特医院就诊。起初我去的是音乐家中心，但从那里被转诊到夏里特医院的焦虑障碍门诊，并在门诊首次进行了诊断测试，然后我的焦虑症才得以确诊。我开始吃新药、接受认知行为疗法，这些都极大地帮助了我应对社交焦虑。例如，我和我的治疗师重演我经历过的对话，更多的关注点放在我的需求上，而不仅囿于我的焦虑。而且药物也让我的抑郁症大为好转。

克里斯蒂安·利布舍尔，33岁，尼娜·布罗姆的伴侣

我自己接受过不少治疗。尼娜也开诚布公地和我谈论她的治疗经历，我从中获得了许多收获。我觉得她接受治疗是件好事。现在，虽然我没怎么感觉到她2019年起开始接受的治疗对日常生活有多大改变和影响，但她经常做家庭作业。从尼娜时而和我谈起治疗师给出的评价反馈来看，她正在逐渐形成新的思考方式和新的观点。

让·费舍尔，音乐家
（患者诊断结果：特定恐惧症）

之前，我几乎已经尝试了所有来自东方的疗法，如瑜伽、气功。但直到我运用认知行为疗法，病情才有明显好转。借助这一疗法，我主要学会了当焦虑来袭时，如何用熟悉的模式有效应对它。我发现这种模式融入了我的头脑后，就停止了治疗。而且我每天跑步两次，进行间歇性训练，这对我也有很大帮助，因为全身的肾上腺素上升到一定的水平，让我在演出时也能保持好的状态。为了缓解症状，我还时不时吹吹小号。最后我还找到了一个冥想类的应用软件，我非常喜欢。综合以上四种方式，我找到了属于自己的应对焦虑的路子。

在2017年时，我也曾短暂地接受过药物治疗。最初，我只在有重要试镜时才会吃。但吃了这种药后，我觉得头昏脑涨，焦虑也没有消失，所以不再吃了。

克劳迪娅·费舍尔-阿尔特曼，54岁，让·费舍尔的母亲

我觉得我儿子和他的几位小号老师保持着密切联系。他们对我儿子很好，也给予了他很大的帮助。

我不确定一些短暂的"治疗"给我儿子带来了哪些影响。他

十八九岁的时候和一位心理治疗师进行过谈话，之后他又自己去看了另一位心理治疗师，但我想他只在难受的时候去过几次，时间很短，可能也没有真的好转多少。而现在夏里特医院的治疗对他很有帮助，这是我看在眼里的。他改变了很多，是朝着积极的方向改变的。

汉娜·施塔姆，35岁，老师

（患者诊断结果：分离焦虑）

当知道父亲可能即将离世时，我们通过青年福利局接受了一次家庭治疗，没有让父亲同去。虽然这次治疗对我没有多大帮助，但对我弟弟来说很有用，因为他能和医生聊聊他的焦虑；而且我们能借此机会谈谈家里的其他事情，也很不错。但治疗没能让我为接受父亲的死亡做好准备，可能也没法做准备吧……

在父亲去世12年后，我第一次开始接受治疗——谈话疗法，是我自己主动寻求帮助的。在那之后不久，在心理治疗师的支持下，我住了四个月的院。这真的对我帮助很大，我接触了多种不同的疗法，学会了放手，放下压得人喘不过气的责任。我必须关注自己，而这是我之前一直避免做的事情。之前我一直习惯把注意力放在他人身上。

住院期间，我还被诊断出高敏感性。如此一来，我就知道为什么自己时常对声音、气味和感觉有着这么强烈的感知了。我的母亲告诉我，我的高敏感性遗传自她。

在那之后，也就是2014年，我又到门诊接受认知行为疗法。但之后我停止了治疗，因为对我来说在工作和培训之余再加上一个治疗，实在太多了。2018年，我觉得又需要找一位心理治疗师了，即使那时的我急需治疗，但要立刻找到一位心理治疗师也非常困难。我走投无路了，就打通了夏里特医院的电话。

从那时起我开始吃一种药，我发现它效果很好。虽然我还会感到焦虑，但药物能够有效缓解我的焦虑。和服药配合进行的谈话疗法也很有帮助，我感觉自己真的得到了他人的理解。之后一段时间我的病情都非常稳定，没有焦虑。但在几个月前，焦虑发作又时不时地出现了。虽然没有之前严重，但我还是在找一个能提供认知行为疗法的地方——这不是件容易的事。

克里斯托夫·施塔姆，30岁，汉娜·施塔姆的丈夫

自从我的妻子开始服用抗抑郁药，她的病情就有了明显好转，虽然目前她没有看心理医生。我不知道如果她停止吃药，会是怎样的情况。我也不知道，现在立刻停药，是不是没有想象中那么容易。她几乎什么都告诉我，包括她的治疗。她能接受专业的帮助，也让我松了一口气。所以，我希望她能尽快找到一位心理治疗师。当我妻子了解到有关焦虑障碍的新知识时，例如在网上读到了什么，她就会建议我尝试一些可能非常有效的方法。

如果我能和别人聊聊这些情况，有时对我也是有帮助的，比如和我最好的朋友聊，他能理解。除此之外，其实也没什么用途，幸好我自己也能把这些问题处理得相对不错。

在本书最后，是一位患者想说的话。他希望这些话能够让其他患者得到激励，鼓起勇气，直面焦虑。

不要害怕恐惧

对于患病，我是这样看的：不过是别人有偏头痛，我有惊恐发作罢了。我不想说自己和惊恐障碍有多亲近，只是我知道它是我的一部分，而且当它出现时，我能很好地应对它。

现在，我一点都不害怕焦虑了，因为我完全知道焦虑时会发生什么。哪怕明天我焦虑发作了，那也不是世界末日。因为我知道怎样从焦虑中走出来。而今天，我可能会感到开心，也可能会感到焦虑。回顾过去的几年，我发现其实疾病也给我带来了一些好处。我不知道，如果没有焦虑，我是否能有这样的成长。

现在，我比以往任何时候都感到自由。而且每次我成功说出那个"不"字时，我都无比欣慰。

现在，我分析、评价事物的方式变得和之前不同了。我将更多的注意力放在自己身上，关注自己到底想要什么，而不再是别人对我有怎样的期待。我是否取得了好的成绩、是否成功，不再交由他人评判，而是由自己说了算。

现在，我不仅是自己的主人，也是我的情绪和一切决定的主人。如今的我不再追求讨别人欢心，而是认真思考什么对我来说才是正确的。如果事务太繁杂，我也会适当推迟一两项日程——这是我从前从未做过的事。

现在，我不仅关注别人和我的事业，我也关注自己。我变得更自信了，即使焦虑的阴霾可能挥之不去，但我依然可以做好当下的事情。

菲利普·奥尔

KEINE PANIK
VOR DER ANGST

词汇表

精神病学与心理疗法专科医生：拥有心理治疗资质的治疗师/医师。

病历：医生或心理治疗师对患者的患病历史及相关信息的记录。

报销申请：心理治疗师和被保险人（即患者）向保险公司申请报销心理治疗的费用，必须在两次"试咨询"之后才能提出申请。

从业资格证：一种国家颁发的许可证书，例如允许医生或心理治疗师独立从事该职业的资格证，即一种治疗许可。

教练：就患者的工作日常展开结构化讨论。教练并不治疗心理疾病，也不具备治疗许可。

诊断：旨在确定患者患何种疾病而进行的问诊、检验和检查。最终需汇总、评估所有检查结果。评估结果以及基于此得出的诊断结果应与患者进行沟通。

治疗执业者类心理治疗师进行的心理治疗：无医生或心理治疗师治疗许可，但持有开业执照的心理治疗师对患者进行的治疗。此类治疗师的知识和能力都会受到检验，以免对公共健康造成危险。

法定医疗保险医师协会：公共法律承认的联邦特有组织，所有合同医生、合同心理治疗师均属于该组织。该协会的主要任务是确保门诊医生提供法定医保服务。

认知行为疗法：将对认知（感觉、思维、认知）与行为的干预相结合，是治疗焦虑症的首选疗法。

咨询报告：医生需在心理疗法开始前写就的报告，确认患者的心理症状不是由生理疾病引起的，且患者没有不适宜接受心理治疗的禁忌证。

心理治疗的报销流程：患者在未得到医疗保险机构认可的心理医生处接受治疗，医保报销治疗费用；获得报销的前提是，有关医保公司必须事先同意。

短程治疗：接受门诊心理治疗总时长不超过24小时，每次50分钟；必须得到医保公司的同意。

长程治疗：行为疗法和基于深度心理学的深度疗法最初最多可以进行60个小时，每次50分钟；必须得到医保公司和第三方的同意。

神经科医生：接受了精神病学和神经病学专业培训的医生。

私人保险：对公立保险不强制的部分进行补充。

试咨询：进行一至四次，每次50分钟，期间需明确治疗动机，确定未来心理治疗的内容以及治疗目标；试咨询也对排查病因和最终确诊有所帮助。

精神病科医生与心理治疗师：接受了精神病学和心理治疗专业培训的

医生。

心理分析：一种基于西格蒙德·弗洛伊德的理论的心理疗法，侧重于追溯患者的过往经历。最初最多可以进行160个小时，每次50分钟。

心理动力学疗法：采用心理分析的方法，认为矛盾冲突是心理疾病的成因。但与心理分析不同，该疗法关注的是当下的矛盾冲突。

心理学家：不是一个专门的职业名称，通常指获得了心理学学位的人。

心理学专业的心理治疗师：大学学习心理疗法的心理医生，具有独立进行心理治疗的资格（从业资格证）。

心理治疗师：负责心理治疗的医生、心理学家、教育工作者（儿童及青年），是一个专门的职业名称。

心理治疗师协会：公共法律承认的一个自治组织，由心理学专业的心理治疗师组成。

心理急救：得到医疗保险机构认可的心理治疗师为了"避免患者的心理症状固化、长期化"，不需申请，只需告知医保公司，就可以进行救治，最多进行12次50分钟的治疗，或24次25分钟的治疗。

心理疗法治疗单位：50分钟为一个治疗单位。预计整个疗程包含多少个治疗单位后，需得到相关保险公司的批准。

心理治疗咨询：和心理治疗师进行沟通，明确是否存在患有精神疾病的可能性，是否需要接受心理疗法。咨询至少持续25分钟，结束时医生结合咨询情况给出其他帮助或建议。

心理治疗师培训机构：培养心理学专业的心理治疗师的机构。

心理治疗方法：德国有四种心理治疗方法得到了科学认可，分别是分析疗法、深度疗法、系统疗法和行为疗法。

自费患者：患者自费治疗，医疗保险公司不报销治疗费用。

系统疗法：该疗法的重点在于患者的社会生活，尤其是患者与家庭成员、社会环境之间的互动。

预约服务中心：法定医疗保险医师协会的区域预约服务中心能为患者快速预约到医生或心理治疗师的免费问诊。

深度疗法：以深度心理学为理论基础的心理治疗方法。

行为疗法：见认知行为疗法。

合同心理治疗师：具有从业资格证、获得保险公司认可的心理治疗师。

图书在版编目（CIP）数据

克服焦虑：人生松弛指南 /（德）安德里亚斯·史托乐，（德）严斯·普拉格著；杜涵，冯姗译. -- 北京：中国友谊出版公司，2023.9
ISBN 978-7-5057-5669-4

Ⅰ. ①克… Ⅱ. ①安… ②严… ③杜… ④冯… Ⅲ. ①焦虑－心理调节－通俗读物 Ⅳ. ① B842.6-49

中国国家版本馆 CIP 数据核字（2023）第 103518 号

著作权合同登记号　图字：01-2023-2702

KEINE PANIK VOR DER ANGST!: Angsterkrankungen verstehen und besiegen
by Andreas Ströhle and Jens Plag
©2020 by Kailash Verlag, München
a division of Penguin Random House Verlagsgruppe GmbH, München, Germany.

书名	克服焦虑：人生松弛指南
作者	[德]安德里亚斯·史托乐（Andreas Ströhle） 严斯·普拉格（Jens Plag）
译者	杜涵 冯姗
出版	中国友谊出版公司
策划	杭州蓝狮子文化创意股份有限公司
发行	杭州飞阅图书有限公司
经销	新华书店
制版	杭州真凯文化艺术有限公司
印刷	杭州钱江彩色印务有限公司
规格	880×1230 毫米　32 开 8.5 印张　164 千字
版次	2023 年 9 月第 1 版
印次	2023 年 9 月第 1 次印刷
书号	ISBN 978-7-5057-5669-4
定价	59.00 元
地址	北京市朝阳区西坝河南里 17 号楼
邮编	100028
电话	（010）64678009